“十四五”职业教育国家规划教材

U0590005

机械制图

第2版 | AR版 | 微课版

黄春永／主编

季卫兵 章婷 刘冬花 涂艳丽／副主编

ELECTROMECHANICAL

人民邮电出版社

北京

图书在版编目（CIP）数据

机械制图 : AR 版 : 微课版 / 黄春永主编. -- 2 版.
北京 : 人民邮电出版社, 2025. --（职业教育机电类系
列教材）. -- ISBN 978-7-115-65396-3

Ⅰ. TH126

中国国家版本馆 CIP 数据核字第 2024YB4826 号

内 容 提 要

本书根据职业教育的特点，强调绘图、读图和用计算机软件绘图基本能力的培养相结合，并参照最新的技术制图系列和机械制图系列国家标准编写而成。本书以机械图样的绘制和识读为主线，深入浅出地介绍制图和识图的基础知识和方法。本书共 8 个项目，主要内容包括制图的基础知识与技能、投影基础知识、绘制轴测图、组合体的三视图、图样的画法、标准件和常用件、零件图及装配图等。

本书可以作为职业院校机械类及工程技术类专业"机械制图"课程的教材，也可以供相关工程技术人员参考。

- ◆ 主　　编　黄春永
　　副 主 编　季卫兵　章　婷　刘冬花　涂艳丽
　　责任编辑　刘晓东
　　责任印制　王　郁　焦志炜
- ◆ 人民邮电出版社出版发行　　北京市丰台区成寿寺路 11 号
　　邮编　100164　电子邮件　315@ptpress.com.cn
　　网址　https://www.ptpress.com.cn
　　人卫印务（北京）有限公司 印刷
- ◆ 开本：787×1092　1/16
　　印张：14.5　　　　　　　　　　2025 年 5 月第 2 版
　　字数：361 千字　　　　　　　　2025 年 5 月北京第 1 次印刷

定价：59.80 元

读者服务热线：**(010)81055256**　印装质量热线：**(010)81055316**
反盗版热线：**(010)81055315**

　　党的二十大报告指出："推进新型工业化，加快建设制造强国"。本书结合企业生产实践，科学选取典型案例题材和安排学习内容，在学生学习专业知识的同时，激发爱国热情、培养爱国情怀，树立绿色发展理念，培养和传承中国工匠精神，筑基中国梦。

　　为了进一步深化职业教育教学改革，提高职业教育质量和技能型人才培养水平，适应职业学院学生就业需求并满足职业学院的教学需要，我们组织编写本书。

　　本书以职业学院机械制图教学大纲为依据，并参照最新的技术制图系列和机械制图系列国家标准编写而成。

　　1. 本书特点

　　（1）内容选择具有针对性。在内容的编排上，本书从学生认知规律出发，将典型零件作为主干，把"机件的表达方法"与零件的结构特点相结合，全面整合了与零件图有关的知识点。同时本书配有大量的立体图，引导学生从空间入手，紧扣原理，由浅入深，循序渐进，真正达到学以致用的目的。

　　（2）在编写过程中，以"必需、够用"为基准，突出绘图与读图能力的培养。本书的重点在于回答"是什么"和"怎么办"的问题，注重循序渐进的原则，多举实例以强化识图和绘图能力的培养。

　　（3）强调徒手绘草图的基本功训练，使学生掌握机械图样的绘制和阅读的基本方法。

　　（4）积极贯彻新国家标准和行业标准，充分体现教材的先进性，是在本书定稿前收集到的制图新国家标准和行业标准，全部纳入教材中。无论是正文还是插图，均按新标准进行编写、绘制，以适应新的需求，充分体现教材的先进性。

　　（5）注重"互联网＋"教育，配套 AR 三维模型。本书中的抽象知识与复杂图形通过 AR三维模型生动形象地呈现在学生面前以帮助学生快速理解相关知识，进而实现高效自学。

　　2. 使用指南

　　（1）扫描二维码下载"人邮教育 AR"App 安装包，并在手机等移动设备上进行安装。

扫描二维码下载"人邮教育 AR"App 安装包

　　（2）安装完成后，打开 App，页面中会出现"扫描 AR 交互动画识别图""扫描 H5 交互页面二维码"和"扫描 AR 交互动画二维码"三个按钮。

"人邮教育 AR" App 首页

（3）点击"扫描 AR 交互动画二维码"按钮，扫描书中的"AR 交互动画"二维码，即可显示对应的 AR 三维模型。（温馨提示：书中的微课二维码通过微信扫码识别）

"AR 交互动画"二维码　　　　　　　　　　　AR 三维模型

由于编者水平有限，书中难免存在不妥之处，敬请读者批评指正。

编　者

2025 年 2 月

目 录

项目一

制图的基础知识与技能

【项目导读】

机械制图与国家标准对机械图样的规定密切相关。掌握并遵守国家标准，是学好本课程的关键。本项目主要介绍有关机械制图的基础知识、几何作图、平面图形画法、草图画法，以及绘图仪器的使用方法等内容，为学习机械制图做好准备。

"机械制图"需要用到绘图工具进行绘图。这些绘图工具该如何使用？你知道图 1-1 所示常用绘图工具的用途吗？在绘图过程中又要注意哪些问题呢？

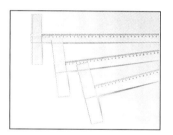
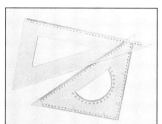

图 1-1　常用绘图工具

一张图样中有多种具有不同含义的图线，我们该如何区别这些图线？在绘图时可能会遇到正多边形、圆及椭圆等特殊图形，这时又该如何绘制？

微课

机械图样的组成

微课

图样在生产中的
应用

微课

现代 CAD 技术的
应用

【学习目标】

- 熟悉技术制图系列与机械制图系列国家标准的一些基本规定。
- 学习在图样中如何正确使用字体、图线及尺寸标注。
- 学习正确使用铅笔、丁字尺、圆规等常用绘图工具。
- 掌握常用的几何作图方法及简单平面图形的画法。

【素质目标】

- 培养按照国家标准进行设计的能力。
- 培养正确使用工具进行设计的能力。
- 培养绘制规范、标准图样的能力。

任务一　按照国家标准绘制基本图形

【知识准备】

一、图纸幅面和标题栏

在进行绘制前，首先要按照国家标准的规定对图纸的幅面和标题栏进行设置。

1. 图纸幅面和图框格式

图纸幅面和图框格式是指绘图时采用的图纸的大小及其布置方式，主要包括图纸长和宽的数值及图框的结构等。其设置遵守国家标准《技术制图　图纸幅面和格式》（GB/T 14689—2008）。

（1）图纸幅面。由图纸的长边和短边尺寸所确定的图纸大小称为图纸幅面。应优先采用表1-1中所规定的基本幅面。基本幅面共有5种，其尺寸关系如图1-2所示。

表 1-1　　　　　　　　　　　图纸基本幅面代号和尺寸　　　　　　　　　单位：mm

代　　号	$B{\times}L$	a	c	e
A0	841×1189	25	10	20
A1	594×841	25	10	20
A2	420×594	25	10	10
A3	297×420	25	5	10
A4	210×297	25	5	10

注：a、c、e 为留边宽度，如图1-3、图1-4所示。

 在选用图纸幅面时，允许选用由基本幅面的短边成整数倍地增加后得到的加长幅面。

（2）图框格式。在图纸上必须用粗实线画出图框，其格式分为保留装订边的图框格式和不保留装订边的图框格式，如图1-3和图1-4所示。

（3）X 型图纸。标题栏的长边与图纸的长边平行。

（4）Y 型图纸。标题栏的长边与图纸的长边垂直。

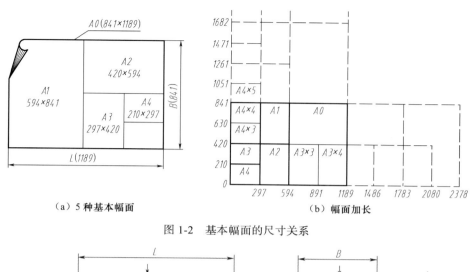

（a）5 种基本幅面　　　　　　　　（b）幅面加长

图 1-2　基本幅面的尺寸关系

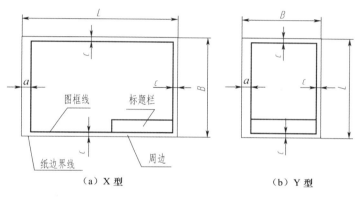

（a）X 型　　　　　　　　（b）Y 型

图 1-3　保留装订边的图框格式

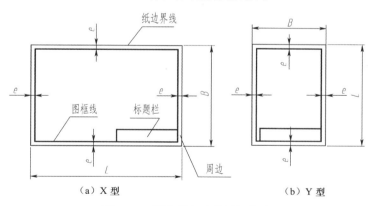

（a）X 型　　　　　　　　（b）Y 型

图 1-4　不保留装订边的图框格式

2．标题栏格式及方位

在机械图样中必须画出标题栏。标题栏的内容、格式和尺寸，应按国家标准《技术制图　标题栏》（GB/T 10609.1—2008）的规定绘制。本书在制图作业中建议采用图 1-5 所示的格式，标题栏中的文字方向为看图方向。

标题栏中的线型、字体（签字除外）及年、月、日的填写格式均应符合相应国家标准的规定。

3．附加符号

（1）对中符号。为使图样复制或缩微摄影时便于定位，在图纸各边的中点处分别画出对中符号。对中符号用粗实线绘制，自周边伸入图框内约 5 mm，如图 1-6（a）所示。

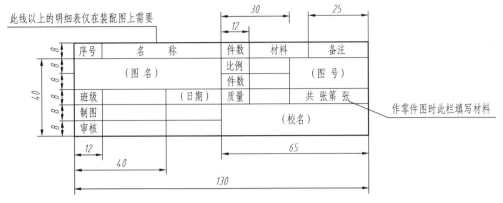

图 1-5　制图中简化的标题栏

（2）方向符号。为了使用预先印制好边框的图纸，当绘图和看图方向与标题栏文字的方向不一致时，应在图纸的对中符号上画出方向符号。方向符号是用细实线绘制的等边三角形，其尺寸和所处的位置如图 1-6（b）所示。

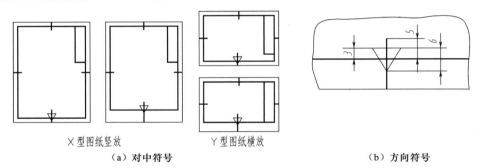

（a）对中符号　　　　　　　　　　　　　（b）方向符号

图 1-6　对中符号和方向符号

微课

图样的图纸幅面和
格式

二、比例

比例是指图样中图形与其实物相应要素的线性尺寸之比。图 1-7 所示为采用不同比例绘制的图形。

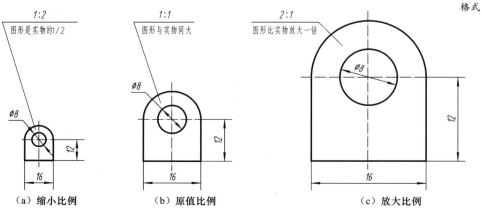

（a）缩小比例　　　　　（b）原值比例　　　　　（c）放大比例

图 1-7　采用不同比例绘制的图形

在图样中标注尺寸时，不论采用何种比例绘图或何种幅面的图纸，尺寸数值均按实际尺寸标注。

比例值的选用要符合国家标准《技术制图　比例》（GB/T 14690—1993）的规定。比例系列如表 1-2 所示。

表 1-2　　　　　　　　　　　　　　　　比例系列

种　　类	定　　义	优先选择系列	允许选择系列
原值比例	比值为 1 的比例	1:1	—
放大比例	比值大于 1 的比例	5:1、2:1、5×10^n:1、2×10^n:1、1×10^n:1	4:1、2.5:1、4×10^n:1、2.5×10^n:1
缩小比例	比值小于 1 的比例	1:2、1:5、1:10、$1:2 \times 10^n$、$1:5 \times 10^n$、$1:1 \times 10^n$	1:1.5、1:2.5、1:3、1:4、1:6、$1:1.5 \times 10^n$、$1:2.5 \times 10^n$、$1:3 \times 10^n$、$1:4 \times 10^n$、$1:6 \times 10^n$

注：n 为正整数。

三、字体

在工程图样中，字体应该符合国家标准《技术制图　字体》（GB/T 14691—1993）的规定。书写字体的基本要求是字体端正、笔画清楚、排列整齐、间隔均匀。

（1）字体的大小以号数（字体的高度 h，单位为 mm）表示，其允许的尺寸系列为 1.8、2.5、3.5、5、7、10、14、20。如需要书写更大的字，字体高度应按 $\sqrt{2}$ 的比率递增。

（2）数字用作指数、分数、注脚和尺寸偏差数值时，一般采用小一号字体。

（3）汉字应写成长仿宋体字，并采用简化字。书写时做到横平竖直、注意起落、结构均匀、填满方格。图 1-8 所示为长仿宋体字的书写示例。

> 5 号字
>
> 学好机械制图，培养和发展空间想象能力
>
> 3.5 号字
>
> 计算机绘图是工程技术人员必须具备的绘图技能

图 1-8　长仿宋体字的书写示例

（4）字母和数字分为 A 型和 B 型。A 型字体的笔画宽度 $d=h/14$，B 型字体的笔画宽度 $d=h/10$。

（5）字母和数字可以写成斜体和直体。斜体字字头向右倾斜，与水平基准线成 75°，绘图时一般用 B 型斜体字。在同一图样上，只允许选用一种字体。各型字母和数字的书写示例如图 1-9 和图 1-10 所示。

四、图线

图线用来围成图形轮廓，也可作为各种辅助线来使用。

1. 图线的形式及应用

国家标准《机械制图　图样画法　图线》（GB/T 4457.4—2002）规定了在机械图样中使用的 9 种图线，其名称、线型、线宽及一般应用如表 1-3 所示，应用示例如图 1-11 所示。

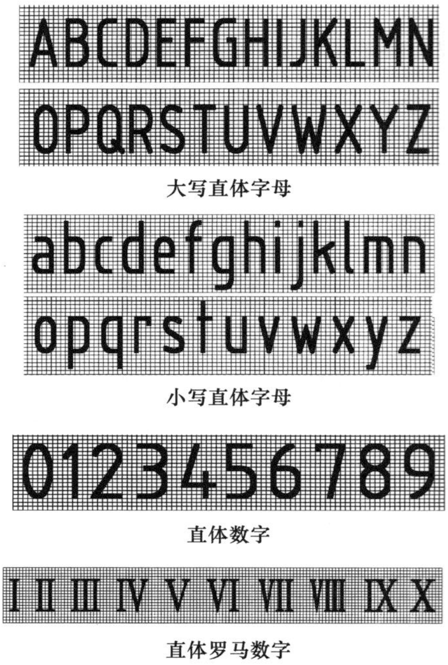

ABCDEFGHIJKLMN
OPQRSTUVWXYZ
大写直体字母

ABCDEFGHIJKLMN
OPQRSTUVWXYZ
大写斜体字母

abcdefghijklmn
opqrstuvwxyz
小写直体字母

abcdefghijklmn
opqrstuvwxyz
小写斜体字母

0123456789
直体数字

0123456789
斜体数字

I II III IV V VI VII VIII IX X
直体罗马数字

I II III IV V VI VII VIII IX X
斜体罗马数字

图 1-9　直体书写示例

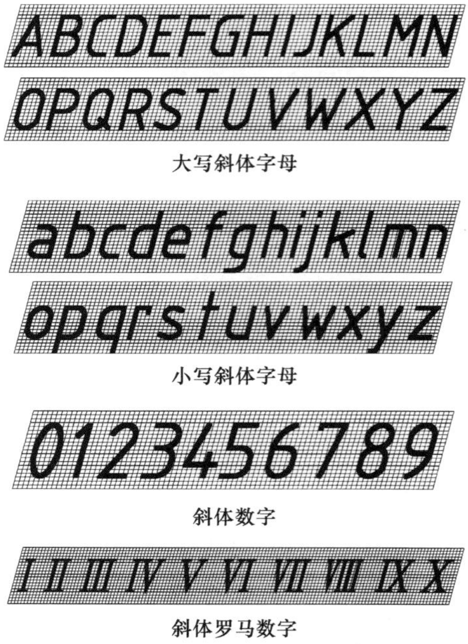

图 1-10　斜体书写示例

表 1-3　　　　　　　　图线的名称、线型、线宽及一般应用

名　　称	线　　型	线宽	一 般 应 用
细实线		$d/2$	过渡线、尺寸线、尺寸界线、指引线和基准线、剖面线、重合断面的轮廓线、短中心线、螺纹牙底线、尺寸线的起止线、表示平面的对角线、零件成形前的弯折线、范围线及分界线、重复要素表示线、锥形结构的基面位置线、叠片结构位置线、辅助线、不连续同一表面连线、成规律分布的相同要素连线、投影线、网格线
波浪线		$d/2$	断裂处边界线、视图与剖视图的分界线
双折线		$d/2$	
粗实线		d	可见棱边线、可见轮廓线、相贯线、螺纹牙顶线、螺纹长度终止线、齿顶圆（线）、表格图和流程图中的主要表示线、系统结构线（金属结构工程）、模样分型线、剖切符号用线
细虚线		$d/2$	不可见棱边线、不可见轮廓线
粗虚线		d	允许表面处理的表示线
细点画线		$d/2$	轴线、对称中心线、分度圆（线）、孔系分布的中心线、剖切线
粗点画线		d	限定范围表示线
细双点画线		$d/2$	相邻辅助零件的轮廓线、可动零件的极限位置的轮廓线、重心线、成形前轮廓线、剖切面前的结构轮廓线、轨迹线、毛坯图中制成品的轮廓线、特定区域线、延伸公差带表示线、工艺用结构的轮廓线、中断线

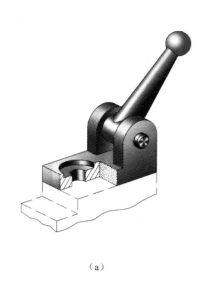

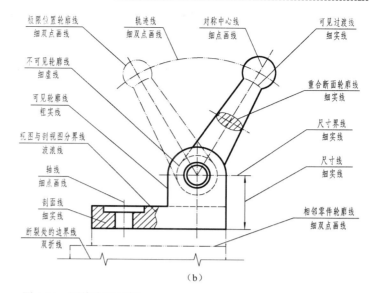

（a）

（b）

图 1-11　图线应用示例

2. 图线的宽度

在机械图样中采用粗、细两种线宽，粗细的比例为 2:1。例如，当粗实线、粗虚线、粗点画线的宽度为 0.7 mm 时，与之对应的细实线、波浪线、双折线、细虚线、细点画线、细双点画线的宽度为 0.35 mm。粗线宽度通常为 0.5 mm 或 0.7 mm。为了保证图样清晰，便于复制，图样上尽量避免出现宽度小于 0.18 mm 的图线。

微课

图样中的线型

3. 图线的画法

（1）在同一图样中绘制粗实线、细实线、虚线、点画线及双点画线等图线时，应保持同类图线的宽度基本一致，线段长短大致相等，间隔大致相同。

（2）相交线的画法如图 1-12 所示。

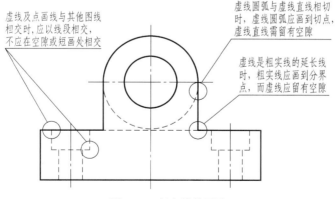

图 1-12　相交线的画法

（3）圆的对称中心线的画法如图 1-13 所示。

五、尺寸

尺寸用于定量表述机件的大小，图样的尺寸标注应符合国家标准 GB/T 4458.4—2003。

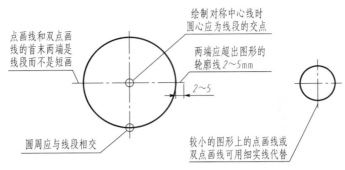

图 1-13　圆的对称中心线的画法

1. 尺寸的组成

一个完整的尺寸应由尺寸界线、尺寸线、尺寸线终端和尺寸数字 4 个要素组成，如图 1-14 所示。

（1）尺寸界线。尺寸界线用细实线绘制，由图形的轮廓线、轴线或对称中心线处引出。也可以将轮廓线、轴线或对称中心线作为尺寸界线。尺寸界线通常与尺寸线垂直，并超出尺寸线终端 2～3 mm。

（2）尺寸线。尺寸线用细实线绘制。尺寸线必须单独画出，不能与图线重合或在其延长线上。

（3）尺寸线终端。尺寸线终端使用箭头符号，箭头尖端与尺寸界线接触，其画法如图 1-15 所示。

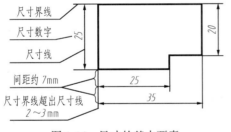

图 1-14　尺寸的基本要素

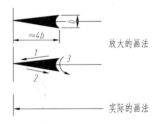

图 1-15　箭头符号的画法

（4）尺寸数字。线性尺寸的数字一般应注写在尺寸线的上方或尺寸线的中断处，位置不够时可以引出标注。尺寸数字不可被任何图线穿过，否则必须把图线断开。

国家标准中规定了一些注写在尺寸数字周围的标注尺寸的符号，用以区分不同类型的尺寸。常用的符号和缩写词如表 1-4 所示。

表 1-4　　　　　　　　　　　　　常用的符号和缩写词

名　称	符号或缩写词	名　称	符号或缩写词	名　称	符号或缩写词
直径	ϕ	厚度	t	沉孔或锪平	⨆
半径	R	正方形	□	埋头孔	∨
球直径	$S\phi$	45°倒角	C	均布	EQS
球半径	SR	深度	↧	弧长	⌒

2. 标注尺寸的基本规则

在标注尺寸时，要注意以下要点。

（1）在图样上标注的尺寸数值应以机件的真实大小为依据，与图形的大小及绘图的准确度无关。

（2）图样中的尺寸以 mm 为单位时，不需要标注计量单位的符号或名称。若采用其他单位，则必须注明。

（3）图样中所注尺寸是该图样所示机件最后完工时的尺寸，否则应另加说明。

（4）机件的每个尺寸一般只标注一次，并应标注在反映该结构最清晰的图形上。

微课

图样中的尺寸及其
标注要求

3. 常用尺寸的标注规则

常用尺寸的标注规则如表 1-5 所示。

表 1-5　　　　　　　　　　　　　　常用尺寸的标注规则

标注内容	示　例		说　明
线性尺寸			尺寸数字应按示例中左图所示的方向注写，并尽可能避免在 30°范围内标注尺寸；否则，应按右图所示的形式标注
圆弧	直径尺寸		标注圆或大于半圆的圆弧时，尺寸线通过圆心，以圆周为尺寸界线，尺寸数字前加注直径符号"ϕ"
	半径尺寸		标注小于或等于半圆的圆弧时，尺寸线自圆心引向圆弧，只画一个箭头，尺寸数字前加注半径符号"R"
大圆弧			当圆弧的半径过大或在图纸范围内无法标注其圆心位置时，可以采用折线形式；若圆心位置不需要注明，则尺寸线可以只画靠近箭头的一段
小尺寸			对于小尺寸，在没有足够的空间画箭头或注写数字时，箭头可以画在外面，或者用小圆点代替两个箭头；尺寸数字也可以采用旁注或引出标注
球面			标注球面的直径或半径时，应在尺寸数字前分别加注符号"$S\phi$"或"SR"

续表

标 注 内 容	示　　例	说　　明
角度	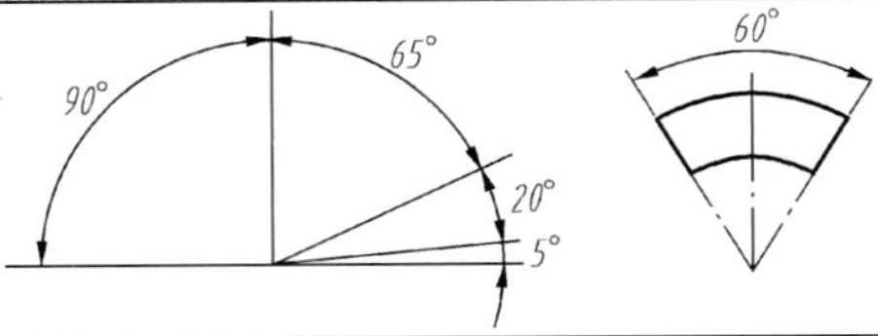	尺寸界线应沿径向引出，尺寸线画成圆弧，圆心是角的顶点。角度数字水平书写，一般注写在尺寸线的中断处，必要时也可以按左图的形式标注
弦长和弧长	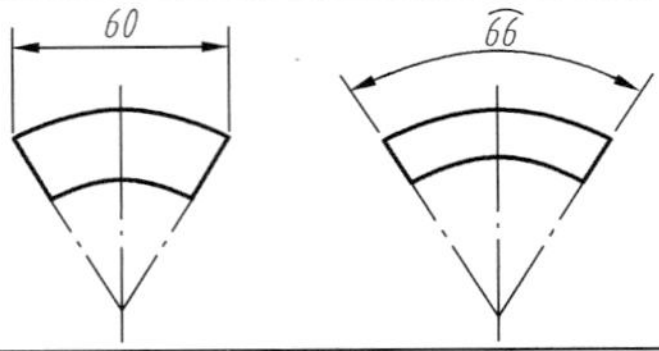	标注弦长和弧长时，尺寸界线应平行于弦的垂直平分线。弧长的尺寸线为同心弧，并应在尺寸数字上方加注符号"⌒"
只画一半或大于一半时的对称机件	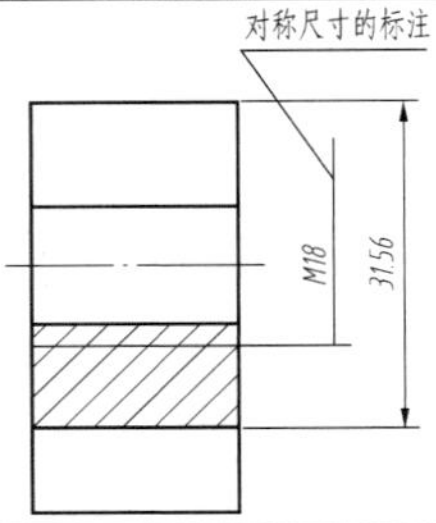	尺寸线应略超过对称中心线或断裂处的边界线，仅在尺寸线的一端画出箭头
对称图形	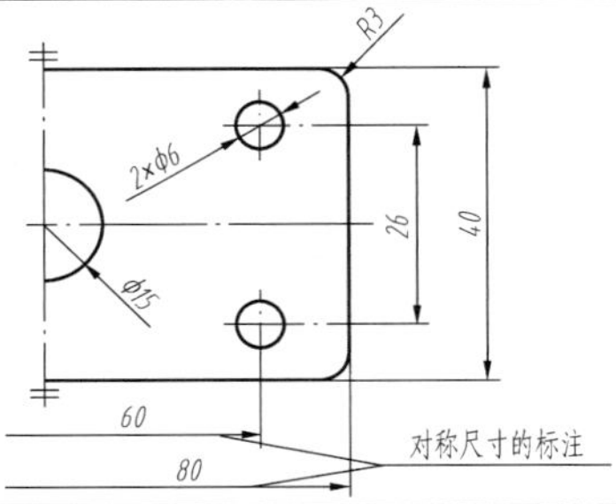	对称图形，应将尺寸标注为对称分布。当对称图形只画出一半或略大于一半时，尺寸线应略超过对称中心线或断裂处的边界线，此时仅在尺寸线的一端画出箭头
光滑过渡处的尺寸	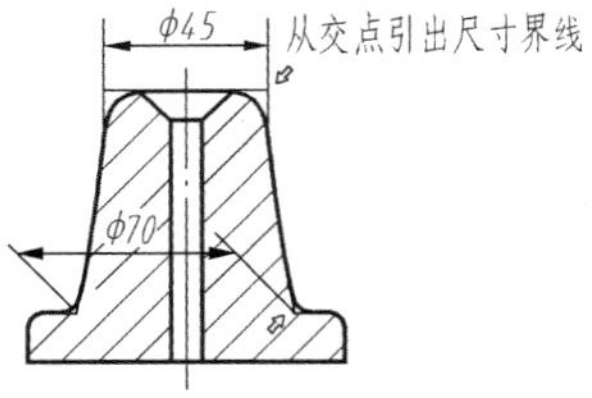	在光滑过渡处必须用细实线将轮廓线延长，并从它们的交点引出尺寸界线
允许尺寸界线倾斜	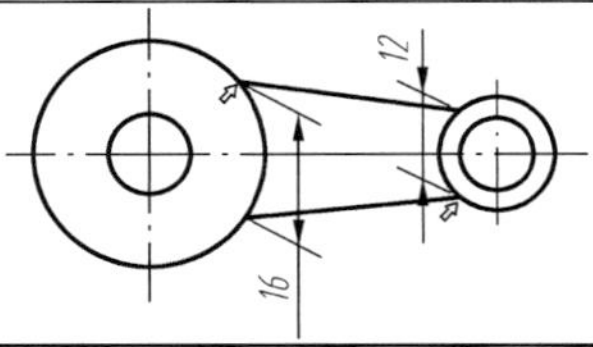	尺寸界线一般应与尺寸线垂直，必要时允许倾斜

六、几何图形的绘制方法

1. 绘图铅笔

正确使用绘图工具和仪器，能有效保证绘图质量、提高绘图效率。绘图时根据不同的使用要求，应准备各种不同硬度的铅笔，绘图用铅笔的铅芯分别用 B 和 H 表示其软、硬程度。

- H 或 2H: 画各种细线和画底稿用。

- HB 或 H：画箭头和写字用。
- 2B 或 B：画粗实线用。

使用时，将用于画粗实线的铅芯磨成矩形，其余的磨成圆锥形，如图 1-16 所示。

2．图板、丁字尺和三角板

图板是铺贴图纸用的，要求板面平滑光洁。丁字尺由尺头和尺身两部分组成，它主要用来画水平线。画水平线时从左到右画，铅笔前后方向应与纸面垂直，并向画线前进方向倾斜约 30°。图 1-17 所示为图板和丁字尺的用法。

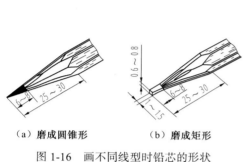

（a）磨成圆锥形　　（b）磨成矩形

图 1-16　画不同线型时铅芯的形状

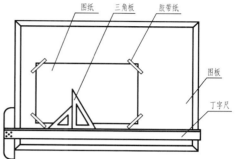

图 1-17　图板和丁字尺的用法

三角板分 45°和 30°、60°两块，可以配合丁字尺画铅垂线、15°倍角的斜线、任意角度的平行线或垂线，如图 1-18 和图 1-19 所示。

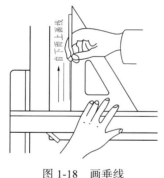

图 1-18　画垂线

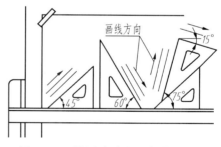

图 1-19　画任意角度的平行线或垂线

3．圆规和分规

圆规用来画圆和圆弧。画图时应尽量使钢针和铅芯都垂直于纸面，钢针的台阶与铅芯尖应平齐，使用方法如图 1-20 所示。

（a）画一般圆

（b）画小圆

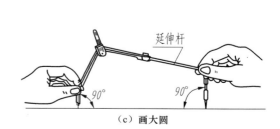

（c）画大圆

图 1-20　圆规的用法

分规可用来量取尺寸和等分线段或圆弧。分规的两腿均装有钢针，分规两脚合拢时，两针尖应对齐。从比例尺上量取长度时，针尖不要正对尺面，应使针尖与尺面保持倾斜。用分规等分线段时，通常要用试分法。分规的用法如图 1-21 所示。

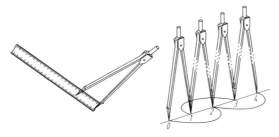

图 1-21　分规的用法

七、斜度和锥度

斜度是指一直线（或平面）对另一直线（或平面）的倾斜程度，其代号为 S。锥度是指正圆锥底圆直径和锥高之比。若为圆台，则锥度是两底圆直径之差与锥台高之比。

1. 斜度

如图 1-22 所示，在直角三角形 ABC 中，AB 边对 AC 边的斜度用 AC 与 AB 的比值来表示，即

$$斜度 = \frac{AC}{AB} = \tan \alpha = 1:n$$

标注斜度时，习惯上简化为 1:n 的形式标注。斜度符号为"∠"，方向应与斜度方向保持一致。

2. 锥度

如图 1-23 所示，锥度的表示方法如下。

$$锥度 = \frac{D}{L} = \frac{D-d}{l} = 2 \tan \alpha = 1:n$$

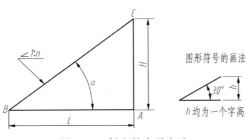

图 1-22　斜度的表示方法

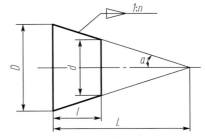

图 1-23　锥度的表示方法

在标注锥度时应注意，锥度符号为"◁"，方向应与锥度方向保持一致。

【任务实施】

【例 1-1】　利用丁字尺、三角板作圆的内接正六边形。

作图步骤如下。

① 过点 A，用 60° 三角板画斜边 AB；过点 D，画斜边 DE，如图 1-24（a）所示。

② 翻转三角板，过点 D 画斜边 CD；过点 A 画斜边 AF，如图 1-24（b）所示。

③ 用丁字尺画两水平边 BC、FE，即得圆的内接正六边形，如图 1-24（c）、图 1-24（d）所示。

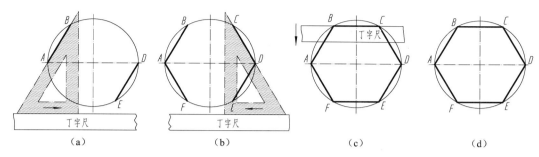

| (a) | (b) | (c) | (d) |

图 1-24　利用丁字尺、三角板作圆的内接正六边形

【例 1-2】　利用圆规作圆的内接正三边形和正六边形。

作图步骤如下。

① 以点 B 为圆心、R 为半径作弧，交圆周得 E、F 两点，如图 1-25（a）所示。

② 依次连接 D、E、F，即得到圆的内接正三边形，如图 1-25（b）所示。

③ 如果要作圆的内接正六边形，那么再以点 D 为圆心、R 为半径画弧，交圆周得 H、G 两点，如图 1-25（c）所示。

④ 依次连接 D、H、E、B、F、G 各点，即得到圆的内接正六边形，如图 1-25（d）所示。

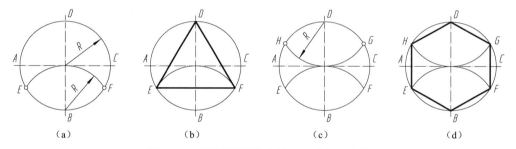

| (a) | (b) | (c) | (d) |

图 1-25　用圆规作圆的内接正三（六）边形

【例 1-3】　斜度为 1:6 线段的画法。

绘制方法如表 1-6 所示。

表 1-6　　　　　　　　　　　　　　斜度为 1:6 线段的画法

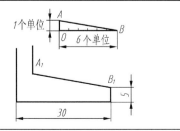	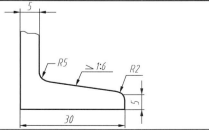
① 任取 1 个单位长度作垂线 OA，作水平线 OB（长度为 6 个单位），然后连接 AB	② 过点 B₁ 作 B₁A₁ 平行于 AB，即得所求的斜度线，最后标注尺寸和斜度

【例1-4】 锥度为1:5的线段的画法。

绘制方法如表1-7所示。

表1-7　　　　　　　　　　　　　　锥度为1:5的线段的画法

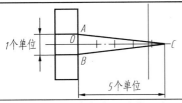 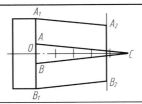

① 以点 O 为中心，在垂直方向上对称地取1个单位长度，得 A、B 两点；然后以点 O 为起点，在水平方向上取5个单位长度，得点 C。连接 AC 和 BC	② 分别以点 A_1、B_1 为起点，作 A_1A_2 平行于 AC，作 B_1B_2 平行于 BC，即得所求线段。最后完成全图的绘制并加深，标注尺寸和锥度

五等分线段

圆周的三等分和
六等分画法

五等分圆周

斜度和锥度

任务二　绘制简单平面图形

【知识准备】

一、绘制圆弧

用一圆弧平滑地连接相邻两线段（直线或圆弧）的作图方法，称为圆弧连接。圆弧连接在绘制零件轮廓图时经常使用。圆弧连接示例如图1-26所示。

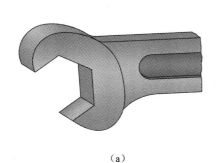

（a）

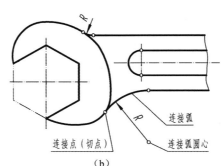

（b）

图1-26　圆弧连接示例

圆弧连接就是用一圆弧光滑地连接相邻两已知线段，连接圆弧与相邻线段在连接处相切。因此，作图时必须先求出连接弧的圆心及连接点（切点）。圆弧连接的作图原理如表1-8所示。

表 1-8　　　　　　　　　　　　圆弧连接的作图原理

类别	圆弧与直线连接（相切）	圆弧与圆弧连接（外切）	圆弧与圆弧连接（内切）
图例			
作图原理	① 连接弧圆心的轨迹是平行于已知直线的直线，两直线之间的垂直距离为连接弧的半径 R。 ② 由圆心向已知直线作垂线，其垂足为切点	① 连接弧圆心的轨迹是与已知圆弧同心的圆，该圆的半径为两圆弧半径之和（R_1+R）。 ② 两圆心的连线与已知圆弧的交点为切点	① 连接弧圆心的轨迹是与已知圆弧同心的圆，该圆的半径为两圆弧半径之差（R_1-R）。 ② 两圆心连线的延长线与已知圆弧的交点为切点

微课

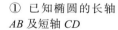

使用弧平滑连接两
已知直线

微课

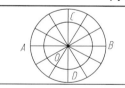

使用圆弧平滑连接
直线和圆弧

微课

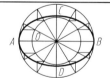

使用圆弧外平滑连
接两已知圆

二、绘制椭圆

椭圆是常用的一种非圆曲线，也是机件中常见的轮廓形状。下面介绍两种绘制椭圆的常用方法。

1. 同心圆法

主要作图步骤如表 1-9 所示。

表 1-9　　　　　　　　　　　　同心圆法

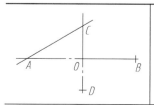	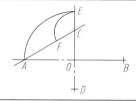	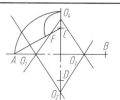
① 已知椭圆的长轴 AB 及短轴 CD	② 以点 O 为圆心，分别以 OA、OC 为半径作圆，并将圆 12 等分	③ 分别过小圆上的等分点作水平线，过大圆上的等分点作竖直线，其各对应的交点即椭圆上的点，依次相连即可

2. 四心扁圆法

用四心扁圆法可以近似作出椭圆，主要作图步骤如表 1-10 所示。

表 1-10　　　　　　　　　　　　四心扁圆法

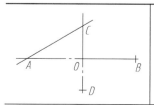	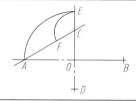	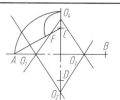	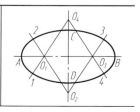

续表

① 作长轴 AB 及短轴 CD 并连接其端点 AC	② 以点 O 为圆心、OA 为半径作圆弧与 OC 的延长线相交于点 E，以点 C 为圆心、CE 为半径作圆弧与 AC 相交于点 F	③ 作 AF 的垂直平分线，分别交长轴、短轴于点 O_1、O_2，再定出其对称点 O_3、O_4，连接 O_1O_2、O_1O_4、O_4O_3、O_2O_3 并延长	④ 分别以点 O_2、O_4 为圆心、$O_2C=O_4D$ 为半径，以点 O_1、O_3 为圆心、$O_1A=O_3B$ 为半径画 4 段圆弧相切于点 1、2、3、4，即近似作出椭圆

微课

三、平面图形绘图分析

绘制平面图形，首先要对图形进行尺寸分析、线段分析，明确作图顺序后，才能正确地画出平面图形。

椭圆的画法

1. 平面图形的尺寸分析

首先要对平面图形中所包含的尺寸进行逐一分析，为进一步进行线段分析和正确绘制平面图形做好准备。尺寸分析的主要内容如下。

- 分析哪些线是用于标注尺寸的尺寸基准。
- 分析哪些尺寸是用于确定图形形状的定形尺寸。
- 分析哪些尺寸是用于确定图素相对位置关系的定位尺寸。

（1）尺寸基准分析

尺寸基准是标注尺寸的起始点。平面图形有水平和垂直两个度量方向，所以平面图形的尺寸基准可以分为水平方向尺寸基准和垂直方向尺寸基准，它们一般是两条相互垂直的线段。

如图 1-27 所示，该图形下方的水平轮廓线和通过圆心的垂直中心线为水平方向和垂直方向的尺寸基准。

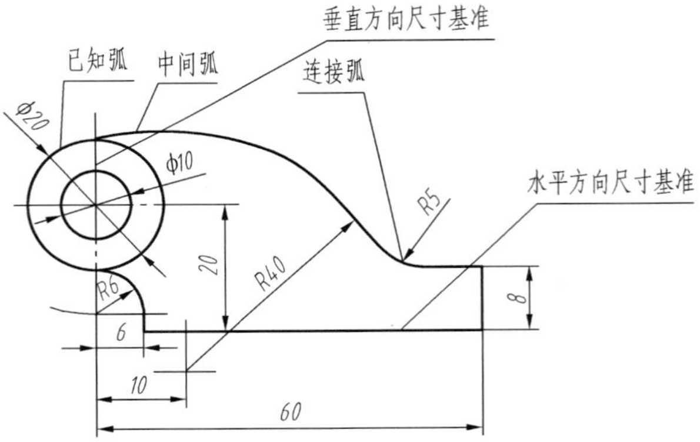

图 1-27　尺寸基准

（2）定形尺寸分析

定形尺寸是确定组成平面图形的各线段或线框的形状和大小的尺寸，如图 1-28 所示圆的直径 $\phi20$、$\phi10$ 和底座厚度 8 等。

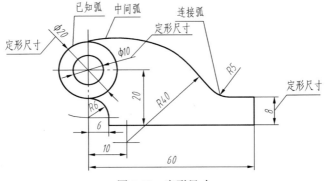

图 1-28　定形尺寸

（3）定位尺寸分析

定位尺寸是确定某一线段或某一封闭线框在整个图形内位置的尺寸，如图1-29所示的尺寸20和6等。

2. 线段分析

在线段分析中，根据其尺寸是否齐全，将平面图形中的线段分为已知线段、中间线段和连接线段3类。

（1）已知线段。已知线段是有定形尺寸和两个方向的定位尺寸，并且根据这些尺寸直接就能画出的线段。图1-30所示的线段54（60–6）、8和ϕ10、ϕ20的圆均为已知线段。

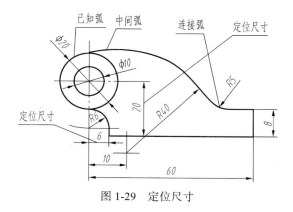

图1-29　定位尺寸

（2）中间线段。中间线段是有定形尺寸和一个方向的定位尺寸的线段。图1-31所示的圆弧R40只有一个定位尺寸10，只有在作出ϕ20圆后，才能通过作图确定其圆心的位置。

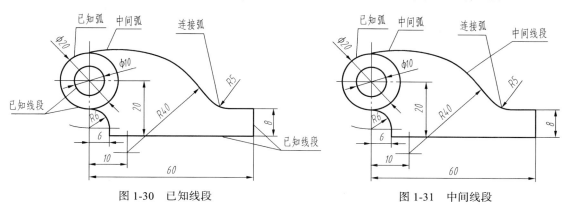

图1-30　已知线段　　　　　　　　　　图1-31　中间线段

（3）连接线段。只有定形尺寸，没有定位尺寸的线段，称为连接线段。图1-32所示的R5、R6都是连接线段，它们只有在作出与其相邻的线段后，才能通过作图的方法确定其圆心的位置。

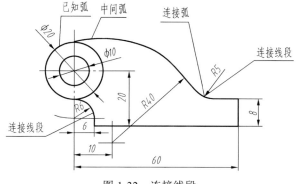

图1-32　连接线段

仔细分析上述3类线段，不难看出线段连接的一般规律：在两条已知线段之间可以有任意条中间线段，但必须有且只有一条连接线段。

3. 平面图形的作图步骤

由平面图形的线段分析可知，平面图形的作图步骤如下。

（1）画出已知线段。

（2）画出中间线段。

（3）画出连接线段。

微课

二维图形绘图案例

四、绘制草图

草图也称为徒手图，是以目测估计图形与实物的比例，用铅笔、橡皮，不使用或部分地使用绘图仪器绘制的图样。草图绘制简便迅速，有很大的实用价值，特别是在现场测绘、创意设计与交流方面很有优势。在计算机绘图技术越来越完善和普及的21世纪，草图与计算机绘图几乎取代了传统的手工仪器制图。

1. 直线的画法

在徒手画直线时，执笔要自然，手腕抬起，不要压在图纸上，眼睛跟着运算的方向，注意画线的终点。同时小手指可以与纸面接触，以作为支点，保持运笔平稳。

短直线应一笔画出，长直线则可以分段相接而成。画水平线时，可以将图纸稍微倾斜放置，从左到右画出。画垂线时，由上向下较为顺手。画斜线时最好将图纸转动到适宜运笔的角度。图1-33所示为水平线、垂线和斜线的画法。

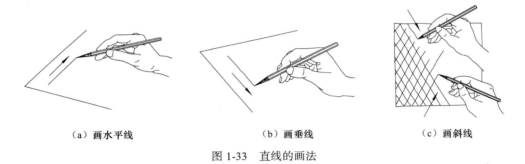

（a）画水平线　　　　　（b）画垂线　　　　　（c）画斜线

图1-33　直线的画法

2. 常用角度的画法

画45°、30°、60°等常见角度，可以根据两直角边的比例关系，在两直角边上定出两端点，然后连接而成，如图1-34所示。

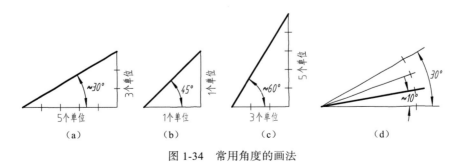

（a）　　　　　　　（b）　　　　　　　（c）　　　　　　　（d）

图1-34　常用角度的画法

3. 圆的画法

画小圆时，先画中心线，在中心线上按半径大小，目测定出4个点，然后过4个点分两半画出，如图 1-35（a）所示。画直径较大的圆时，可以过圆心加画一对十字线，按半径大小，目测定出 8 个点，然后分段画出，如图 1-35（b）所示。

（a）　　　　　　　　　　　　　　　　　（b）

图 1-35　圆的画法

4. 椭圆的画法

画椭圆时，先根据长短轴定出 4 个点，画出一个矩形，然后作出与矩形相切的椭圆，如图 1-36（a）所示。也可以先画出椭圆的外接菱形，然后作出椭圆，如图 1-36（b）所示。

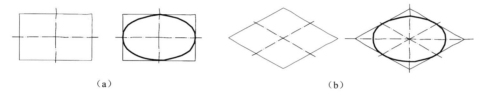

（a）　　　　　　　　　　　　　　　　　（b）

图 1-36　椭圆的画法

【任务实施】

【例 1-5】　如图 1-37（a）所示，用圆弧连接锐角和钝角的两边。

作图步骤如下。

① 作与已知角两边分别相距为 R 的平行线，交点 O 即连接弧的圆心，如图 1-37（b）所示。

② 自点 O 分别向已知角两边作垂线，垂足 M、N 即切点，如图 1-37（c）所示。

③ 以点 O 为圆心、R 为半径，在两切点 M、N 之间画连接圆弧，即完成作图，如图 1-37（d）所示。

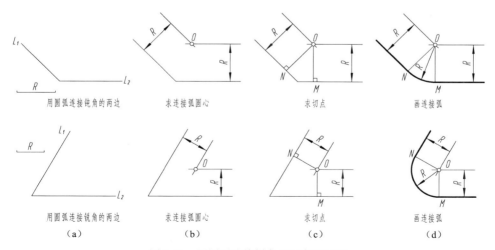

用圆弧连接钝角的两边　　求连接弧圆心　　　求切点　　　　画连接弧

用圆弧连接锐角的两边　　求连接弧圆心　　　求切点　　　　画连接弧

（a）　　　　　　　（b）　　　　　　（c）　　　　　　（d）

图 1-37　用圆弧连接锐角和钝角的两边

【例 1-6】 如图 1-38（a）所示，用圆弧连接直角的两边。

作图步骤如下。

① 以角顶为圆心、R 为半径画弧，分别交直角的两边于点 M、N，如图 1-38（b）所示。

② 分别以点 M、N 为圆心、R 为半径画弧，两圆弧的交点 O 即连接弧的圆心，如图 1-38（c）所示。

③ 以点 O 为圆心、R 为半径，在点 M、N 之间画连接圆弧，即完成作图，如图 1-38（d）所示。

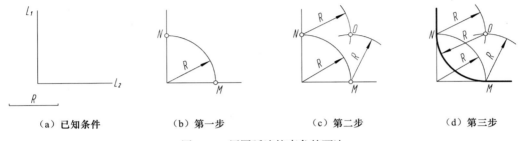

（a）已知条件　　　　　（b）第一步　　　　　（c）第二步　　　　　（d）第三步

图 1-38　用圆弧连接直角的两边

【例 1-7】 如图 1-39（a）所示，用半径为 R 的圆弧连接直线和圆弧。

作图步骤如下。

① 作直线 L_2 平行于直线 L_1（其间距为 R），再作已知圆弧的同心圆（半径为 R_1+R）与直线 L_2 相交于点 O，点 O 即连接弧的圆心，如图 1-39（b）所示。

② 作 OM 垂直于直线 L_1，连线 OO_1 与已知圆弧交于点 N，点 M、N 即切点，如图 1-39（c）所示。

③ 以点 O 为圆心、R 为半径画圆弧，连接直线 L_1 和圆弧 O_1 于点 M、N，即完成作图，如图 1-39（d）所示。

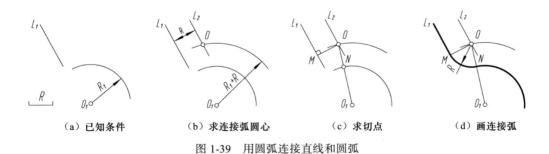

（a）已知条件　　　　（b）求连接弧圆心　　　　（c）求切点　　　　（d）画连接弧

图 1-39　用圆弧连接直线和圆弧

【例 1-8】 如图 1-40（a）所示，用半径为 R 的圆弧与两已知圆弧外切。

作图步骤如下。

① 分别以（R_1+R）和（R_2+R）为半径，点 O_1、O_2 为圆心，画弧交于点 O（连接弧的圆心），如图 1-40（b）所示。

② 连线 OO_1 与已知弧交于点 M，连线 OO_2 与已知弧交于点 N（点 M、N 即切点），如图 1-40（c）所示。

③ 以点 O 为圆心、R 为半径画圆弧，连接两已知圆弧于点 M、N，即完成作图，如图 1-40（d）所示。

（a）已知条件　　　　（b）求连接弧的圆心　　　　（c）求切点　　　　（d）画连接弧

图 1-40　圆弧与两圆弧外切

【例 1-9】　如图 1-41（a）所示，用半径为 R 的圆弧与两已知圆弧内切。

作图步骤如下。

① 分别以（$R-R_1$）和（$R-R_2$）为半径，点 O_1、O_2 为圆心，画弧交于点 O（连接弧的圆心），如图 1-41（b）所示。

② 连线 OO_1、OO_2 并延长，分别与已知弧交于点 M、N（点 M、N 即切点），如图 1-41（c）所示。

③ 以点 O 为圆心、R 为半径画圆弧，连接两已知圆弧于点 M、N，即完成作图，如图 1-41（d）所示。

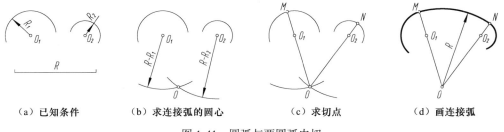

（a）已知条件　　　　（b）求连接弧的圆心　　　　（c）求切点　　　　（d）画连接弧

图 1-41　圆弧与两圆弧内切

【综合实训】

根据作图步骤绘制图 1-42 所示的图形。

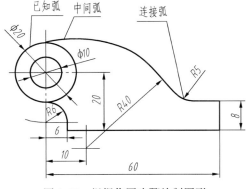

图 1-42　根据作图步骤绘制图形

作图步骤如表 1-11 所示。

表 1-11　　　　　　　　　　　　利用平面图形的作图步骤绘图

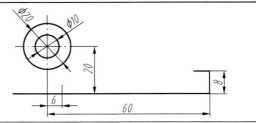

① 画平面图形的作图基准线	② 画已知线段，尺寸为 54（60-6）和 8 的线段及 $\phi 10$、$\phi 20$ 的圆

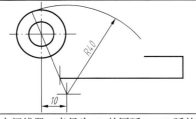

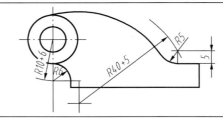

③ 作中间线段，半径为 40 的圆弧。R40 弧的一个定位尺寸是 10，另一个定位尺寸由 R40 减去 R10（已知圆 $\phi 20$ 的半径）后，通过作图得到	④ 画出连接线段 R5 和 R6 圆弧。检查各尺寸在运算及作图过程中有无错误，若无差错即可加深图线

⑤ 标注尺寸，做到正确、完整、清晰，至此完成全图的绘制

　　　　在作图过程中，必须准确求出中间圆弧和连接圆弧的圆心和切点的位置。

【项目小结】

　　根据投影原理、标准或有关规定表示工程对象，并有必要的技术说明的图，称为机械图样。一幅完整的机械图样包括一组视图、尺寸标注、技术要求及标题栏等。机械图样是机械产品信息的载体，是机械工程专业表达、交流的语言。

　　我们必须树立标准化的观念，掌握国家标准中关于图幅、图框格式、比例、字体、字形及图线等方面的基本要求；正确、熟练地使用绘图工具绘图，养成良好的绘图习惯；能正确绘制常用几何图形；掌握平面图形尺寸分析和线段分析的方法，正确选择基准，拟定正确的作图步骤，完整地标注定位尺寸及定形尺寸。

【思考题】

　　1. 机械制图主要由哪几部分组成？各部分的主要内容是什么？

　　2. A1 图纸幅面是 A3 图纸幅面的几倍？

　　3. 什么是比例？在使用比例时应注意什么问题？

　　4. 8 种图线的名称是什么？如果粗实线的宽度 $b=1$ mm，那么细实线、虚线、细点画线，以及粗点画线的宽度各是多少毫米？

　　5. 尺寸标注的四要素是什么？在标注尺寸时要注意什么问题？

【综合演练】

　　请分别指出图 1-43（a）和图 1-44（a）中尺寸标注的错误，并在图 1-43（b）和图 1-44（b）

中将正确的尺寸标注出来。

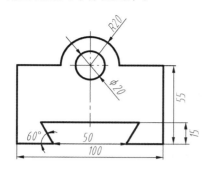

（a）错误标注

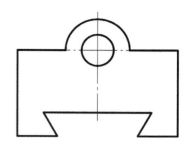

（b）正确标注

图 1-43　修改错误训练（一）

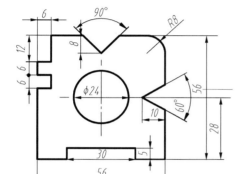

（a）错误标注

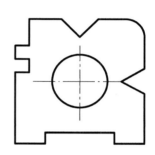

（b）正确标注

图 1-44　修改错误训练（二）

【项目导读】

　　物体在日光或灯光的照射下会在地面或墙面上留下影子，这是日常生活中随处可见的自然现象。人们根据生产活动的需要，总结出了光线、物体、影子之间的几何关系。所谓投影法，是指投射线通过物体向选定的面投射，并在该面上得到图形的方法。投影的形成如图 2-1 所示。

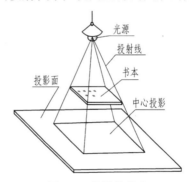

图 2-1　投影的形成

　　正投影法是绘制和识读机械图样的理论依据，物体的三视图是学习机械制图的基础。正投影法和视图的投影规律将贯穿全课程。本项目主要介绍正投影的方法、三视图的投影规律、基本体的三视图画法及尺寸标注等内容。

【学习目标】

- 掌握投影法的基本原理，了解投影的种类及应用。
- 掌握点、直线和平面的基本投影特性。
- 掌握典型平面立体的投影特性。
- 掌握典型曲面立体的投影特性。
- 了解基本体的尺寸标注规范。
- 了解在特定基本体表面特殊点投影的方法。

【素质目标】

- 培养严谨的设计工作作风。
- 培养绘制规范、标准图样的能力。

任务一　熟悉三视图的投影规律

【知识准备】

一、投影概念及分类

根据投影线是否交于一点，投影法可分为中心投影法和平行投影法两类，如图 2-2 所示。

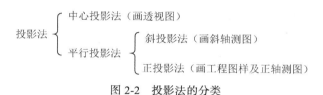

$$投影法\begin{cases} 中心投影法（画透视图）\\ 平行投影法\begin{cases} 斜投影法（画斜轴测图）\\ 正投影法（画工程图样及正轴测图）\end{cases}\end{cases}$$

图 2-2　投影法的分类

1. 中心投影法

投影线汇交于一点的投影法为中心投影法，采用该法得到的投影称为中心投影，如图 2-3（a）所示。中心投影法应用较为广泛，其特点如下。

（1）投影大小随投影中心距离物体的远近或物体距离投影面的远近而变化。

（2）投影不反映物体原来的真实大小，因此不适用于绘制机械图样。

（3）采用中心投影法得到的投影图立体感较强，因此中心投影法适用于绘制建筑物的外观图及美术画等，如图 2-3（b）所示。

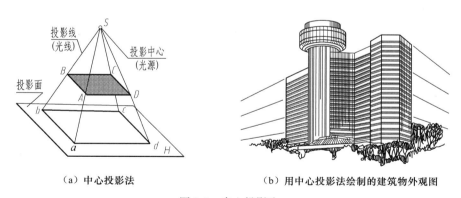

（a）中心投影法　　　　　　　　　　（b）用中心投影法绘制的建筑物外观图

图 2-3　中心投影法

2. 平行投影法

投影线相互平行的投影法为平行投影法，采用该法得到的投影称为平行投影。平行投影法根据投影线是否垂直于投影面，分为正投影法和斜投影法，如图 2-4 所示。

（1）正投影法。投影线垂直于投影面的投影法为正投影法，采用该法所得投影为正投影，如图 2-4（a）所示。

采用正投影法得到的投影图能够表达物体的真实形状和大小，因此机械图样通常采用正投影法绘制。

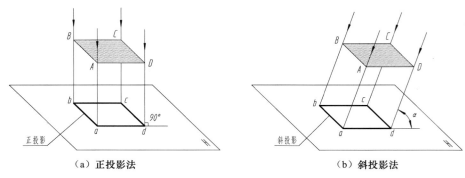

图 2-4　平行投影法

（2）斜投影法。投影线倾斜于投影面的投影法为斜投影法，采用该法所得投影为斜投影，如图 2-4（b）所示。斜投影法主要用于绘制有立体感的图形。

投影法及其分类

3．正投影的基本特性

（1）显实性。物体上的平面或直线平行于投影面时，其投影反映平面的真实形状或直线的真实长度，这种投影特性称为显实性，如图 2-5（a）所示。

（2）积聚性。物体上的平面或直线垂直于投影面时，平面的投影积聚成一条线，直线的投影积聚成一点，这种投影特性称为积聚性，如图 2-5（b）所示。

（3）类似性。物体上的平面或直线倾斜于投影面时，其投影仍为类似的平面图形，但平面的面积缩小，直线的长度缩短，这种投影特性称为类似性，如图 2-5（c）所示。

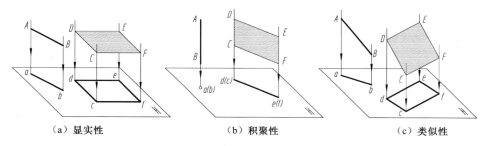

图 2-5　正投影的基本特性

二、三视图的形成原理

正投影的基本特性

1．视图的概念

用正投影法绘制物体的图形时，把物体在多面投影体系中的正投影称为视图，如图 2-6 所示。

从图 2-6 中可以看出，这个视图只能反映物体的长度和高度，没有反映出物体的宽度。因此在一般情况下，一个视图不能完全确定物体的形状和大小。图 2-7 所示为两个不同的物体，但其视图相同。

2．三视图的形成

（1）三投影面体系

三投影面体系由 3 个互相垂直且相交的投影面构成，如图 2-8 所示。这 3 个投影面分别介绍如下。

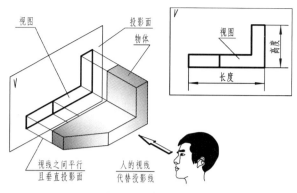

图 2-6　视图的概念

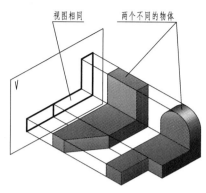

图 2-7　一个视图不能确定物体的形状

- 正立投影面，用 *V* 表示。
- 水平投影面，用 *H* 表示。
- 侧立投影面，用 *W* 表示。

3 个投影面之间的交线称为投影轴，分别用 *OX*、*OY*、*OZ* 表示。

（2）三视图的形成

如图 2-9（a）所示，将物体置于三投影面体系中，用正投影法分别向 3 个投影面投影后，即可获得物体的三面投影。

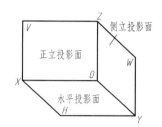

图 2-8　三投影面体系

- *V* 面投影称为主视图。
- *H* 面投影称为俯视图。
- *W* 面投影称为左视图。

（3）三投影面的展开

如图 2-9（b）所示，为了把物体的三面投影画在同一平面上，规定如下。

- 保持 *V* 面不动。
- 将 *H* 面绕 *OX* 轴向下旋转 90°。
- 将 *W* 面绕 *OZ* 轴向后旋转 90°，使其与 *V* 面处在同一平面上。

使用上述方法展平在同一个平面上的视图，简称三视图，如图 2-9（c）所示。由于视图所表示的物体形状与物体和投影面之间的距离无关，所以绘图时可以省略投影面边框及投影轴。

如图 2-9（d）和图 2-9（e）所示：

主视图反映了物体上、下、左、右的位置关系，反映了物体的高度和长度；

俯视图反映了物体前、后、左、右的位置关系，反映了物体的宽度和长度；

左视图反映了物体上、下、前、后的位置关系，反映了物体的高度和宽度。

3. 三视图之间的关系

三视图之间存在着位置、投影和方位 3 种对应关系。

（1）位置关系。以主视图为基准，一般情况下，俯视图位于主视图的正下方，左视图位于主视图的正右方，如图 2-10（a）所示。

微课

三视图的生成原理

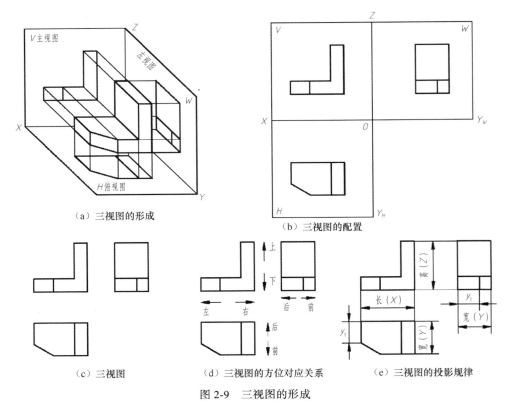

（a）三视图的形成

（b）三视图的配置

（c）三视图

（d）三视图的方位对应关系

（e）三视图的投影规律

图 2-9　三视图的形成

（2）投影关系。主视图、俯视图、左视图 3 个视图之间的投影关系，通常简称为"长对正、高平齐、宽相等"，如图 2-10（b）所示。

- 主视图、俯视图中相应投影的长度相等，且要对正。
- 主视图、左视图中相应投影的高度相等，且要平齐。
- 俯视图、左视图中相应投影的宽度相等。

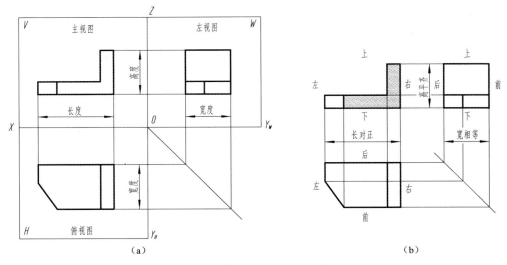

（a）

（b）

图 2-10　投影面展开后的三视图

三视图之间的"三等"关系，不仅反映在物体的整体上，也反映在物体的局部结构上。这一关系是画图和看图的依据，必须熟练掌握和运用。

（3）方位关系。物体有上、下、左、右、前、后6个方向，每个视图只能反映出其中4个方向，如图2-11所示。

- 主视图反映物体的上下和左右方向。
- 俯视图反映物体的左右和前后方向。
- 左视图反映物体的上下和前后方向。
- 俯视图、左视图靠近主视图的一侧（里侧），均表示物体的后面。
- 俯视图、左视图远离主视图的一侧（外侧），均表示物体的前面。

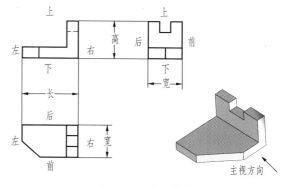

图2-11 方位关系

4. 画物体三视图的方法和步骤

根据物体（或轴测图）画三视图时，应先选好主视图的投射方向，然后摆正物体（使物体的主要表面尽量平行于投影面），再根据图纸幅面和视图的大小，画出三视图的定位线。

画图时，无论是整个物体或物体的每个局部，在三视图中，其投影都必须符合"长对正、高平齐、宽相等"的关系。三视图的具体作图步骤如图2-12所示。

微课

三视图的投影规律

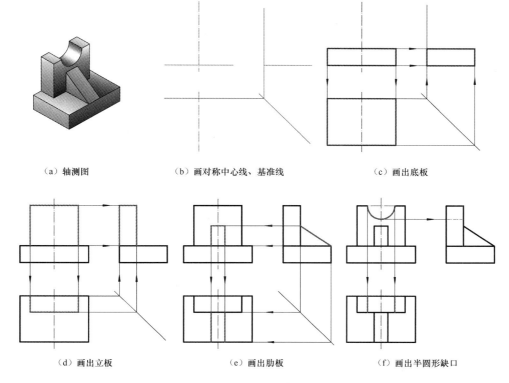

（a）轴测图　　　　　（b）画对称中心线、基准线　　　　　（c）画出底板

（d）画出立板　　　　　（e）画出肋板　　　　　（f）画出半圆形缺口

图2-12 三视图的作图步骤

提示 按照国家标准，可见的轮廓线和棱线用粗实线表示，不可见的轮廓线和棱线用细虚线表示。图线重合时，其优先顺序为：可见轮廓线和棱线（粗实线），不可见轮廓线和棱线（细虚线），剖切平面迹线、轴线、对称中心线（细点画线），假想轮廓线（细双点画线），尺寸界线和分界线（细实线）。

【任务实施】

【例2-1】 如图2-13所示，根据零件的立体图和主视图投射线方向，绘制其三视图。

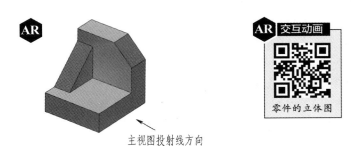

图2-13 零件的立体图

分析：物体是由一块在右端上面切去了一角的弯板和一个三棱柱叠加而成的，其绘制步骤如表2-1所示。

表2-1 三视图的绘制步骤

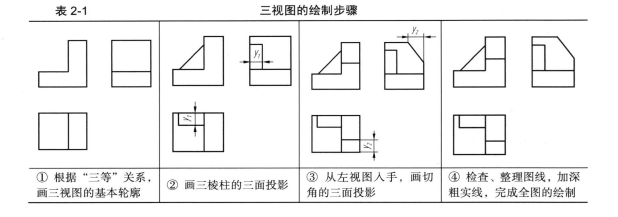

| ① 根据"三等"关系，画三视图的基本轮廓 | ② 画三棱柱的三面投影 | ③ 从左视图入手，画切角的三面投影 | ④ 检查、整理图线，加深粗实线，完成全图的绘制 |

任务二 掌握点、直线和平面的投影规律

【知识准备】

一、点的投影

空间点的投影仍为点。

1. 点的三面投影形成

如图2-14（a）所示，由空间点A分别向3个投影面作垂线，垂足a、a′、a″即点A的三面投

影。展开三投影面体系得到点的三面投影图，如图 2-14（b）所示。去掉投影面的结果如图 2-14（c）所示。已知投影 a、a'，求作 a'' 的方法如图 2-24（d）、图 2-24（e）、图 2-24（f）所示。

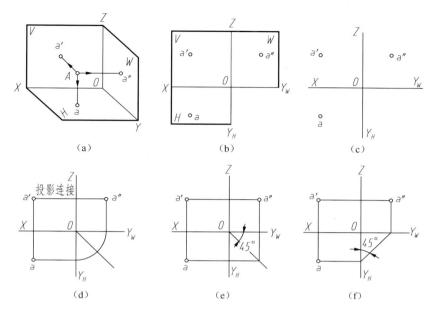

（a）　　　　　　　　（b）　　　　　　　　（c）

（d）　　　　　　　　（e）　　　　　　　　（f）

图 2-14　点的三面投影

2．点的投影标记

按照以下约定来标记点及点的投影。

- 空间点用大写字母表示，如 A、B、C 等。
- 水平投影用相应的小写字母表示，如 a、b、c 等。
- 正面投影用相应的小写字母加撇表示，如 a'、b'、c' 等。
- 侧面投影用相应的小写字母加两撇表示，如 a''、b''、c'' 等。

3．点的投影规律

3 条投影线相互垂直，8 个顶点 A、a、a_Y、a'、a''、a_X、O、a_Z 构成正六面体，如图 2-15（a）所示。根据正六面体的性质，可以得出三面投影图的投影规律。

（1）投影连线与投影轴之间的位置关系

投影连线与投影轴之间的位置关系如图 2-15（b）所示。

- 点的正面投影和水平投影的连线垂直于 OX 轴，即 $aa' \perp OX$（长对正）。
- 点的正面投影和侧面投影的连线垂直于 OZ 轴，即 $a'a'' \perp OZ$（高平齐）。
- $aa_{YH} \perp OY_H$，$a''a_{YW} \perp OY_W$（宽相等）。

（2）点的投影与点的坐标之间的关系

点的投影与点的坐标之间的关系如下。

- $a'a_Z = aa_{YH} =$ 点 A 的 x 坐标 $= Aa''$（点 A 到 W 面的距离）。
- $aa_X = a''a_Z =$ 点 A 的 y 坐标 $= Aa'$（点 A 到 V 面的距离）。
- $a'a_X = a''a_{YW} =$ 点 A 的 z 坐标 $= Aa$（点 A 到 H 面的距离）。

为了表示点的水平投影到 OX 轴的距离等于点的侧面投影到 OZ 轴的距离，即 $aa_X = a''a_Z$，可以用 45°线反映该关系，如图 2-15（b）所示。

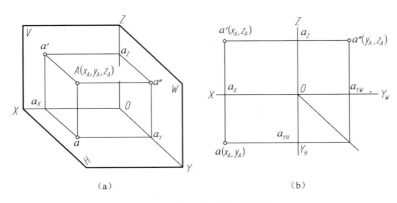

（a）　　　　　　　　　　　　　（b）

图 2-15　点的投影与坐标关系

二、直线的投影

微课

点的投影规律

一般情况下，直线的投影仍是直线。两点确定一条直线，将两点的同名投影用直线连接，就得到直线的同名投影。

1. 直线投影的基本特性

（1）直线倾斜于投影面的投影比空间线段短（$ab=AB\cos\alpha$），如图 2-16（a）所示。

（2）直线垂直于投影面的投影重合为一点，如图 2-16（b）所示。

（3）直线平行于投影面的投影反映线段实长（$ab=AB$），如图 2-16（c）所示。

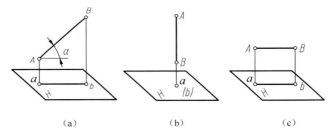

（a）　　　　　　　　（b）　　　　　　　　（c）

图 2-16　直线的投影

2. 各种位置直线的投影特性

直线对投影面的相对位置可以分为 3 种：投影面平行线、投影面垂线及投影面倾斜线。前两种为投影面特殊位置直线，第 3 种为投影面一般位置直线，如图 2-17 所示。

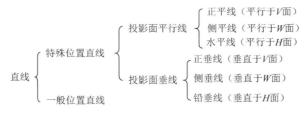

图 2-17　直线的投影分类

（1）投影面平行线

与投影面平行的直线称为投影面平行线，又分为以下 3 种。

- 与 H 面平行的直线称为水平线。

- 与 V 面平行的直线称为正平线。
- 与 W 面平行的直线称为侧平线。

投影面平行线通常与一个投影面平行，与另外两个投影面倾斜，其投影图及投影特性如表 2-2 所示。图中规定：直线（或平面）对 H、V、W 面的倾角分别用 α、β、γ 表示。

表 2-2　　　　　　　　　　　　　　　　投影面平行线的投影特性

名称	水平线（‖H 面，与 V、W 面倾斜）	正平线（‖V 面，与 H、W 面倾斜）	侧平线（‖W 面，与 H、V 面倾斜）
轴测图	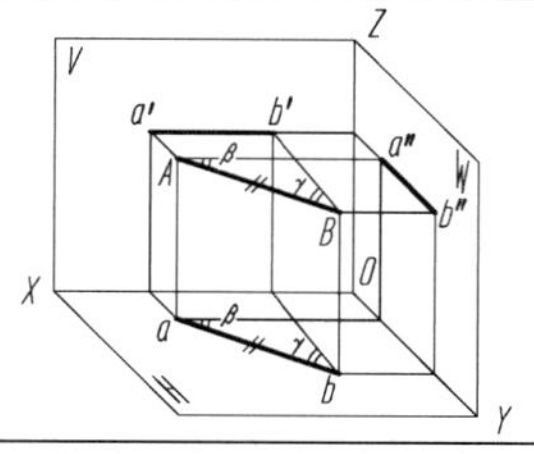	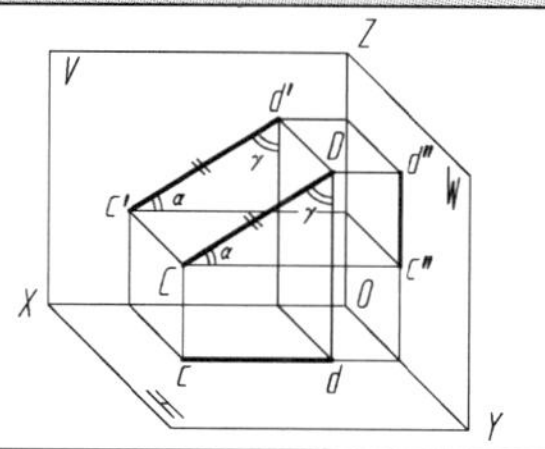	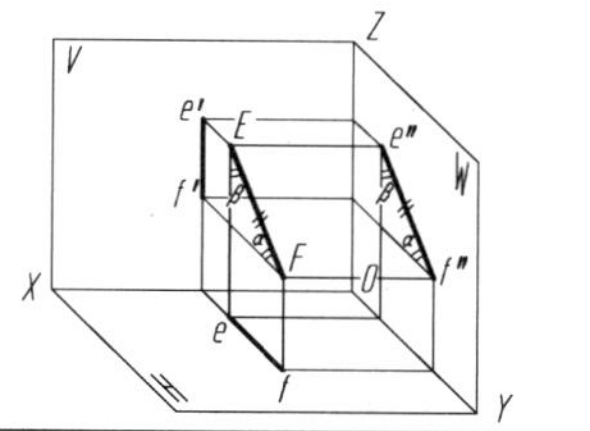
投影	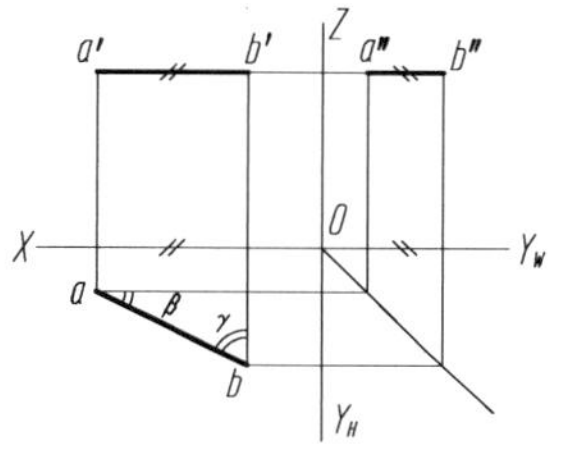	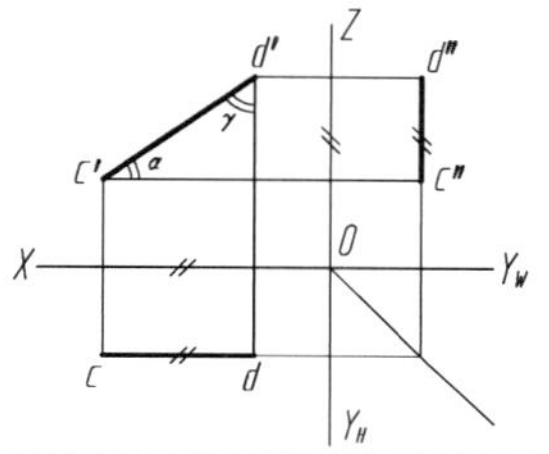	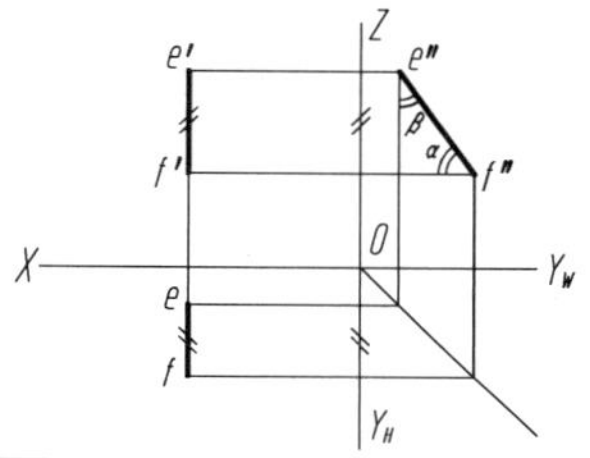
投影特性	① 水平投影 ab 等于实长。 ② 正面投影 $a'b'\|OX$，侧面投影 $a''b''\|OY_W$，且不反映实长。 ③ ab 与 OX 和 OY_H 的夹角 β、γ 等于 AB 对 V、W 面的倾角	① 正面投影 $c'd'$ 等于实长。 ② 水平投影 $cd\|OX$，侧面投影 $c''d''\|OZ$，且不反映实长。 ③ $c'd'$ 与 OX 和 OZ 的夹角 α、γ 等于 CD 对 H、W 面的倾角	① 侧面投影 $e''f''$ 等于实长。 ② 水平投影 $ef\|OY_H$，正面投影 $e'f'\|OZ$，且不反映实长。 ③ $e''f''$ 与 OY_W 和 OZ 的夹角 α、β 等于 EF 对 H、V 面的倾角
	小结：① 直线在所平行的投影面上的投影均反映实长； ② 其他两面投影平行于相应的投影轴； ③ 反映实长的投影与投影轴所夹的角度，等于空间直线对相应投影面的倾角		

（2）投影面垂线

与投影面垂直的直线称为投影面垂线，又分为以下 3 种。

- 与 H 面垂直的直线称为铅垂线。
- 与 V 面垂直的直线称为正垂线。
- 与 W 面垂直的直线称为侧垂线。

投影面垂线与一个投影面垂直，必定与另外两个投影面平行，其投影图及投影特性如表 2-3 所示。

表 2-3　　　　　　　　　　　　　　　　投影面垂线的投影特性

名称	铅垂线（⊥H 面）	正垂线（⊥V 面）	侧垂线（⊥W 面）
轴测图	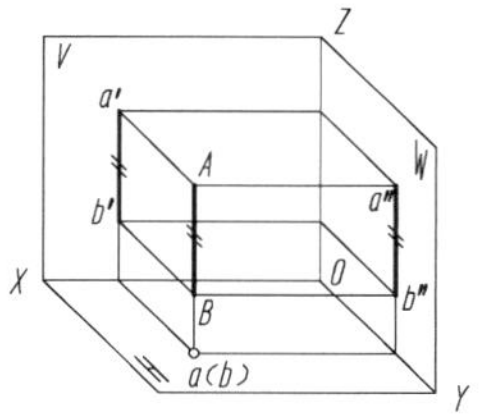	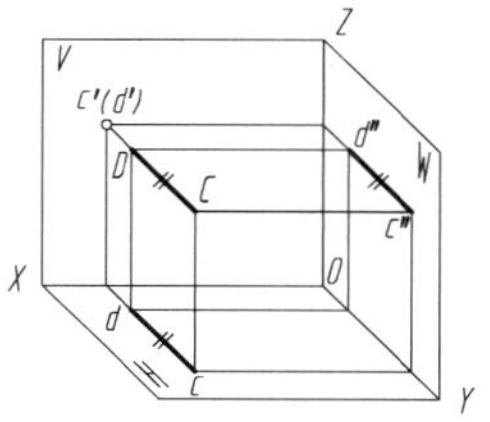	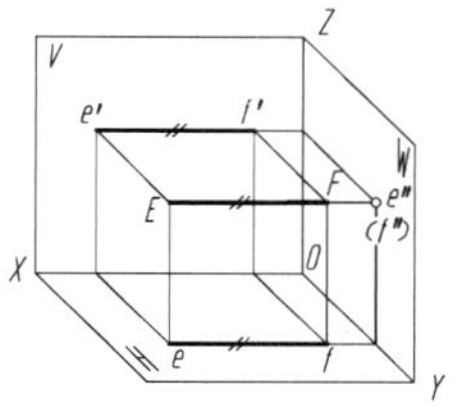

续表

名称	铅垂线（⊥H 面）	正垂线（⊥V 面）	侧垂线（⊥W 面）
投影	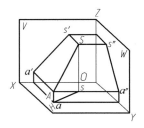		
投影特性	① 水平投影 a（b）积聚成点。 ② a'b'=a"b" 等于实长，且 a'b'⊥OX，a"b"⊥OYw	① 正面投影 c'（d'）积聚成点。 ② cd=c"d"等于实长，且 cd⊥OX，c"d"⊥OZ	① 侧面投影 e"（f"）积聚成点。 ② ef = e'f'等于实长，且 ef⊥OYH，e'f'⊥OZ
	小结：① 直线在所垂直的投影面上的投影积聚成一点； ② 其他两面投影反映该直线的实长，且分别垂直于相应的投影轴		

（3）一般位置直线

一般位置直线与 3 个投影面都倾斜，且在 3 个投影面上的投影都不反映实长，投影与投影轴之间的夹角也不反映直线与投影面之间的倾角，如图 2-18 中的线段 SA。

图 2-18　一般位置直线的投影

一般位置直线的投影特性如下。

- 在 3 个投影面上的投影均为倾斜直线。
- 投影长度均小于实长。

三、平面的投影

平面的投影是由其轮廓线投影所组成的图形，如图 2-19 所示。

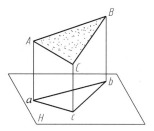

图 2-19　平面的投影

将平面投影时，可以根据平面的几何形状特点及其对投影面的相对位置，找出能够决定平面的形状、大小和位置的一系列点，然后依次作出这些点的三面投影并连接这些点的同面投影，即可得平面的三面投影。

平面和投影面的相对位置关系与直线和投影面的相对位置关系相同，如图 2-20 所示。

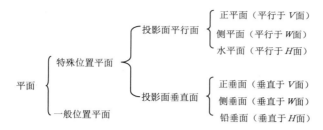

图 2-20　平面的投影分类

（1）投影面平行面

投影面平行面平行于一个投影面，必与另外两个投影面垂直。

- 与 H 面平行的平面称为水平面。
- 与 V 面平行的平面称为正平面。
- 与 W 面平行的平面称为侧平面。

投影面平行面的投影图及投影特性如表 2-4 所示。

表 2-4　　　　　　　　　　　　　　投影面平行面的投影特性

名称	水平面（∥H 面）	正平面（∥V 面）	侧平面（∥W 面）
轴测图			
投影			
投影特性	① 水平投影反映实形。 ② 正面投影积聚成直线，且平行于 OX 轴；侧面投影积聚成直线，且平行于 OY_W 轴	① 正面投影反映实形。 ② 水平投影积聚成直线，且平行于 OX 轴；侧面投影积聚成直线，且平行于 OZ 轴	① 侧面投影反映实形。 ② 水平投影积聚成直线，且平行于 OY_H 轴；正面投影积聚成直线，且平行于 OZ 轴
	小结：① 平面图形在所平行的投影面上的投影反映实形； ② 其他两面投影积聚成直线，且平行于相应的投影轴		

（2）投影面垂直面

投影面垂直面垂直于一个投影面，并与另外两个投影面倾斜。

- 与 H 面垂直的平面称为铅垂面。
- 与 V 面垂直的平面称为正垂面。

- 与 W 面垂直的平面称为侧垂面。

投影面垂直面的投影图及投影特性如表 2-5 所示。

表 2-5　　　　　　　　　　投影面垂直面的投影特性

名称	铅垂面（⊥H 面，与 V、W 面倾斜）	正垂面（⊥V 面，H、W 面倾斜）	侧垂面（⊥W 面，与 V、H 面倾斜）
轴测图			
投影			
投影特性	① 水平投影积聚成直线，该直线与 X、Y 轴的夹角 β、γ 等于平面对 V、W 面的倾角。 ② 正面投影和侧面投影为原形的类似形	① 正面投影积聚成直线，该直线与 X、Z 轴的夹角 α、γ 等于平面对 H、W 面的倾角。 ② 水平投影和侧面投影为原形的类似形	① 侧面投影积聚成直线，该直线与 Y、Z 轴的夹角 α、β 等于平面对 H、V 面的倾角。 ② 正面投影和水平投影为原形的类似形
	小结：① 平面在所垂直的投影面上的投影积聚成与投影轴倾斜的直线，该直线与投影轴的夹角等于平面对相应投影面的倾角； ② 其他两面投影均为原形的类似形		

（3）一般位置平面。一般位置平面与 3 个投影面都倾斜，因此在 3 个投影面上的投影都不反映实形，而是缩小了的类似形，如图 2-21 所示。

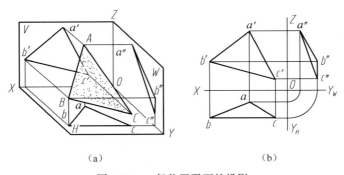

（a）　　　　　　　　　　（b）

图 2-21　一般位置平面的投影

【任务实施】

【例 2-2】已知点 A 的正面投影 a' 和侧面投影 a''，如图 2-22（a）所示，要求作其水平投影 a。

根据点的投影规律，a 可以用 45°斜线法和直接量取法两种方法求解。

（1）45°斜线法。

① 过 a' 作 OX 轴的垂线，a 必在此垂线上。

② 过原点 O 作 45°线。

③ 过 a'' 作 OY_W 轴的垂线与过 O 点的 45° 斜线相交于一点。

④ 过交点再作 OX 轴的平行线，与过 a' 所作的垂线相交即得 a，如图 2-22（b）所示。

（2）直接量取法。

① 过 a' 作 OX 轴的垂线，于 OX 轴相交于点 a_X。

② 用圆规直接量取 $a''a_Z = aa_X$ 即可得 a，如图 2-22（c）所示。

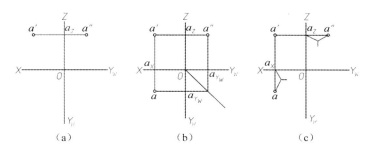

图 2-22　已知点的两面投影求第三投影

【例 2-3】　已知点的 3 个坐标 $A(15,10,12)$，求作它的三面投影。

作图步骤如下。

① 画出投影轴，在 OX 轴上由点 O 向左量取 15，得 a_X，如图 2-23（a）所示。

② 过 a_X 作 OX 轴的垂线，自 a_X 向下量 10 得点 a、向上量 12 得点 a'，如图 2-23（b）所示。

③ 根据 a、a' 求出 a''，如图 2-23（c）所示。

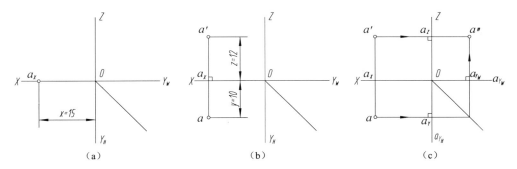

图 2-23　根据点的坐标求作投影

【例 2-4】　参照图 2-24（a）所示的立体图分析三棱锥各条棱线的空间位置关系。

作图步骤如下。

① 按照三棱锥上每条棱线所标的字母，将它们的投影从视图中分离出来。例如，棱线 SA 分离以后的投影如图 2-24（b）所示。

② 根据不同位置直线的投影图特征，如图 2-24（c）所示，分别判别各条棱线的空间位置如下。

- SA 为一般位置直线。
- AB 为水平线。
- SB 为侧平线。
- BC 为水平线。

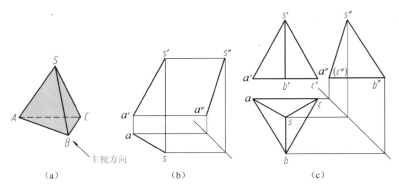

图 2-24　判断空间位置关系

- SC 为一般位置直线。
- AC 为侧垂线。

【例 2-5】　参照图 2-25（a）所示的立体图分析三棱锥各平面的空间位置。

作图步骤如下。

① 按照三棱锥上每个平面所标的字母，将其投影分离出来。例如，面 SAC 分离以后的投影如图 2-25（b）所示。

② 根据不同位置平面投影图的特性，如图 2-25（c）所示，判断三棱锥上各平面的空间位置如下。

- 面 SAC 为侧垂面。
- 面 SBC 为一般位置平面。
- 面 SAB 为一般位置平面。
- 面 ABC 为水平面。

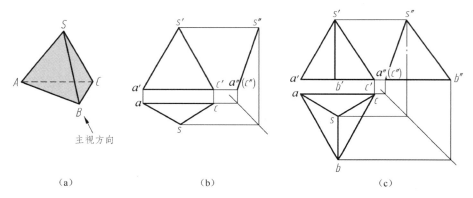

图 2-25　分析平面的投影

微课

点与直线位置关系的判定

微课

点与平面位置关系的判定

微课

直线与平面关系的判别

微课

判断两平面空间相对位置关系的方法

任务三　掌握基本体的投影规律

【知识准备】

一、平面立体的投影规律

几何体分为平面立体和曲面立体。表面均为平面的立体，称为平面立体，如图 2-26（a）、图 2-26（b）所示；表面由曲面与平面或全部由曲面所组成的立体，称为曲面立体，如图 2-26（c）~图 2-26（f）所示。

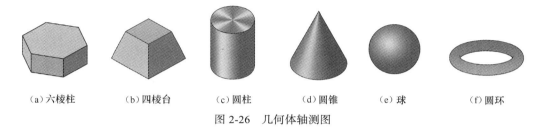

（a）六棱柱　　　（b）四棱台　　　（c）圆柱　　　（d）圆锥　　　（e）球　　　（f）圆环

图 2-26　几何体轴测图

平面立体的表面是若干个多边形，主要有棱柱和棱锥两种，如图 2-27 所示。平面立体中，面与面的交线称为棱线，棱线与棱线的交点称为顶点。

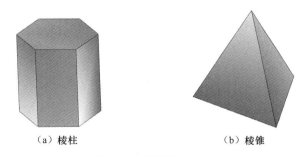

（a）棱柱　　　　　　　　　（b）棱锥

图 2-27　常见的平面立体

绘制平面立体图的投影，可以归结为绘制它的所有多边形表面的投影。

1. 棱柱

图 2-28（a）所示为一正六棱柱，顶面和底面都是水平面，因此顶面和底面的水平投影重合，并反映正六边形实形；正面投影和侧面投影分别积聚成平行于 X 轴和 Y 轴的直线。六棱柱有 6 个侧棱面，前后 2 个侧棱面为正平面，它们的正面投影重合并反映实形，水平投影和侧面投影分别积聚成直线，其余 4 个侧棱面均为铅垂面，其水平投影分别积聚成倾斜直线，正面投影和侧面投影都是缩小的类似形。

画该正六棱柱的三视图时，应从反映正六边形的俯视图入手，再根据尺寸和投影规律画出其他两个视图。其他正棱柱的三视图画法也与正六棱柱的类似，都应先从投影成正多边形的那个视图开始画。当视图图形对称时，应画出对称中心线，中心线用细点画线表示，如图 2-28（b）所示。

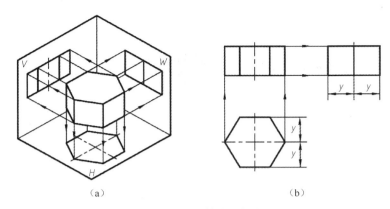

图 2-28　正六棱柱的投影

下面分析棱柱的投影特性及三视图的画法。

（1）形体分析

常见的棱柱为直棱柱，其上底面和下底面是两个全等且互相平行的多边形。若为正多边形的直棱柱，则称为正棱柱。直棱柱各棱面为矩形，侧棱垂直于底面，如图 2-29（a）所示。

（2）投影分析

如图 2-29（b）所示，使正六棱柱底面平行于 H 面，使其一个棱面平行于 V 面，然后向 3 个投影面投影，得到 3 个视图，如图 2-29（c）所示。其投影特点如下。

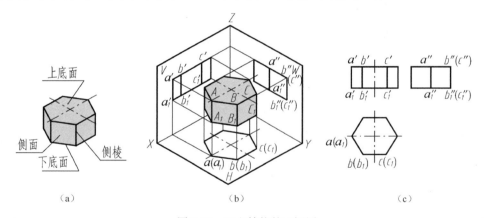

图 2-29　正六棱柱的三视图

- 俯视图为正六边形，上底面、下底面的投影重合并反映实形；正六边形的 6 条边是棱柱的 6 个侧面的积聚投影；6 条棱线的水平投影则积聚在正六边形的 6 个顶点上。

- 主视图是 3 个相连的矩形线框。中间较大的矩形线框 $b'b_1'c_1'c'$ 是棱柱前、后两个侧面的重合投影，并反映实形；左、右两个较小的矩形线框是棱柱其余 4 个侧面的重合投影，为缩小的类似形；棱柱的上底面、下底面为水平面，其正面投影积聚成两水平方向的线段。

- 左视图是两个大小相等且相连的矩形线框，是正六棱柱左、右两边 4 个侧面的重合投影，为缩小的类似形；正六棱柱前、后两个侧面为正平面，其侧面投影积聚成两段铅垂线；正六棱柱上底面、下底面的侧面投影仍积聚成两段水平直线。

微课

绘制棱柱三视图

2. 棱锥

下面以正三棱锥为例，分析棱锥的投影特性及三视图的画法。

（1）形体分析

棱锥的底面为多边形，各侧面为若干具有公共顶点（称为锥顶）的三角形。从锥顶到底面的距离称为锥高。当棱锥底面为正多边形。各侧面是全等的等腰三角形时，称为正棱锥。图 2-30（a）所示是一个正三棱锥的立体图。

（2）投影分析

如图 2-30（b）所示，使正三棱锥的底面平行于 H 面，并有一个棱面垂直于 W 面，然后向 3 个投影面投影，得到的 3 个视图如图 2-30（c）所示。其特点如下。

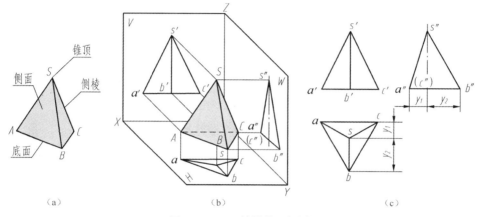

图 2-30 正三棱锥的三视图

- 在俯视图中，面 abc 为棱锥底面 ABC 的投影，反映实形；锥顶 S 的水平投影位于底面三角形的中心上；3 条侧棱的水平投影 sa、sb、sc 交于 s，且把面 abc 分成 3 个全等的等腰三角形，但都不反映实形。

- 在主视图中，棱锥底面的正面投影积聚成水平方向的线段 $a'b'c'$；由于棱锥的 3 个侧面都倾斜于 V 面，因此其正向投影△$s'a'b'$、△$s'b'c'$ 和△$s'a'c'$ 都不反映实形。

- 在左视图中，棱锥底面的侧面投影仍积聚成水平方向的线段 a''（c''）b''；侧面 SAC 为侧垂面，其侧面投影积聚成线段 $s''a''$（c''）；左、右对称的两个侧面△SAB 和△SBC 倾斜于 W 面，其侧面投影重合且不反映实形；侧棱 SB 为侧平线，其侧面投影 $s''b''$ 反映实长。

如图 2-31 所示，已知三棱锥表面上点 M 的正面投影 m'，求点 M 的水平投影 m 和侧面投影 m''。由于点 M 所在的面△SAB 是一般位置平面，所以求点 M 的其他投影必须过点 M，在△SAB 上作一辅助直线，图 2-31（a）所示为过 m' 点作一水平线为辅助直线，即过 m' 作该直线的正面投影平行于 $a'b'$，再过 m 作该直线的水平投影平行于 ab，则点 M 的水平投影 m 必在该直线的水平投影上，再由 m'、m 求出 m''。

图 2-31（b）所示为求点 M 的另一种作辅助直线求解的方法。具体作图时，连接 $s'm'$ 并延长使其与 $a'b'$ 交于 d'，再在 ab 上求出 d，连接 sd，则 m 点必然在 sd 上，再根据 m'、m 求出 m''。

又如图 2-31（b）所示，已知 N 点的水平投影 n，求 N 点的正面投影 n' 和侧面投影 n''。由于 N 点所在的面△SAC 是侧垂面，因此可利用侧垂面积聚性先求出 n''，再根据 n、n'' 求出 n'，N 点的 V 面投影 n' 不可见。

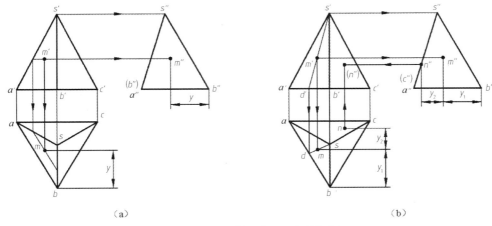

图 2-31　正三棱锥表面上点的投影

二、曲面立体的投影规律

一条直线或曲线绕一条轴线回转形成的面，称为回转面，如圆柱面、圆锥面、球面等。由回转面和平面围成的立体，称为回转体，如圆柱、圆锥、球等，如图 2-32 所示。

微课

绘制正三棱锥三视图

圆柱　　　　　圆锥　　　　　球

图 2-32　常见的回转体

1. 圆柱

（1）圆柱面的形成

如图 2-33（a）所示，圆柱面可以看成由一条直母线 AA_1 围绕与它平行的轴线 OO_1 回转而成。圆柱面上任意一条平行于轴线的直线，称为圆柱面的素线。

（2）形体分析

圆柱面和上下底面（圆平面）围成的立体，称为圆柱体，简称圆柱，如图 2-33（a）所示。上、下底面之间的距离为圆柱的高，素线和上下底面垂直，长度等于圆柱的高。

（3）投影分析。如图 2-33（b）所示，使圆柱底面平行于 H 面，即轴线垂直于 H 面，然后向 3 个投影面投影，得到其 3 个视图，如图 2-33（c）所示。其特点如下。

- 俯视图为一个圆，反映了上底面、下底面的实形，该圆的圆周为圆柱面的积聚投影，圆柱面上任何点、线的投影积聚在该圆周上，用相互垂直相交的细点画线（中心线）的交点表示圆心的位置。
- 主视图为一个矩形线框，其上、下两边是圆柱上底面、下底面的投影，有积聚性；左、右两边 $a'a_1'$ 和 $b'b_1'$ 为圆柱上最左、最右两条素线 AA_1 和 BB_1 的投影；通过这两条素线上各点的投射线都与圆柱面相切，如图 2-33（b）所示。这两条素线确定了圆柱面由前向后（即主视方向）投射时的轮廓范围，称为轮廓素线。此外，用细点画线表示圆柱轴线的投影。

- 左视图也是一个矩形线框。其上、下两边仍是圆柱上底面、下底面的投影，有积聚性；其余两边 $c''c_1''$ 和 $d''d_1''$ 则是圆柱面上最前、最后两条素线 CC_1 和 DD_1 的投影；圆柱轴线的投影仍用细点画线表示。

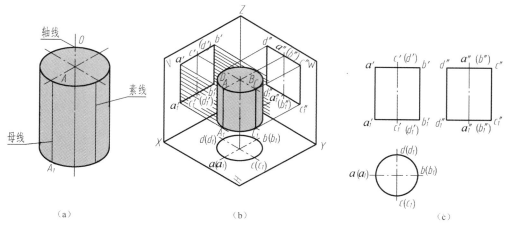

（a）　　　　　　　　　　（b）　　　　　　　　　　（c）

图 2-33　圆柱的形成及其投影

微课

绘制圆柱三视图

微课

圆柱表面上点的投影
分析

2. 圆锥

（1）圆锥面的形成

如图 2-34（a）所示，圆锥面可以看成由一条直母线 SA 绕与它相交的轴线 OO_1 回转而成，交点为点 S。圆锥面上任意一条过点 S 并与轴线相交的直线，称为圆锥面的素线。

（2）形体分析

圆锥面和底面（圆平面）围成的立体称为圆锥体，简称圆锥，如图 2-34（a）所示。点 S 为锥顶，底面和锥顶之间的距离为圆锥的高，素线和底面倾斜。

（3）投影分析

如图 2-34（b）所示，将圆锥放在三投影面体系中，使其底面平行于 H 面，即轴线垂直于 H 面，然后向 3 个投影面投影，得到的三视图如图 2-34（c）所示。其特点如下。

- 圆锥的俯视图是一个圆，反映底圆的实形。该圆也是圆锥面的水平投影，其中锥顶 S 的水平投影位于圆心上。整个锥面的水平投影可见，底面被锥面挡住不可见。
- 圆锥的主视图是一个等腰三角形。底边为圆锥底面的积聚投影，两腰为锥面上左、右两条轮廓素线 SA 和 SB 的投影。SA 和 SB 的水平投影不需要画出，其投影位置与圆的中心线重合；SA 和 SB 的侧面投影也不需要画出，其投影位置与圆锥轴线的侧面投影重合。
- 轮廓素线 SA 和 SB 将锥面分为前、后对称的两部分，前半部分锥面的正面投影可见，后半部分的不可见。

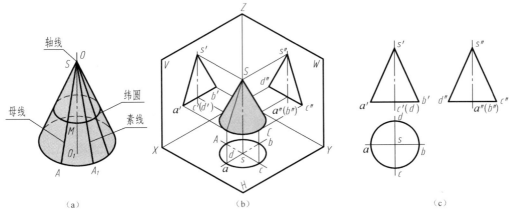

图 2-34　圆锥的三视图

- 圆锥的左视图也是等腰三角形。底边仍是圆锥底面有积聚性的投影，两腰则为锥面上前、后两条轮廓素线 SC 和 SD 的投影。这两条素线将锥面分为左、右对称的两部分，左半部分锥面的侧面投影可见，右半部分的不可见。SC 和 SD 的正面投影及水平投影也不需要画出，其投影位置读者可自行分析。

微课

绘制圆锥三视图

微课

圆锥表面上点的投影分析

3. 球

（1）球面的形成

如图 2-35（a）和图 2-35（b）所示，球面是由一个半圆作母线，以其直径为轴线旋转一周而成的。母线上任意一点的运动轨迹为大小不等的圆。

（2）形体分析

球面围成的立体为球，简称球。

（3）投影分析

如图 2-35（c）所示，球的 3 个视图是大小相等的 3 个圆，圆的直径与球的直径相等。这 3 个圆分别表示 3 个不同方向的球面轮廓素线的投影。其特点如下。

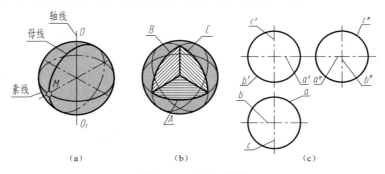

图 2-35　球的三视图

- 球面的 3 个投影都没有积聚性。
- 球的 3 个投影均为半径相等的圆。

微课

绘制球的三视图

微课

球面上点的投影
分析

三、基本体的尺寸标注

视图只用来表达物体的形状，而物体的大小由图样上标注的尺寸数值来确定。任何物体都具有长、宽、高 3 个方向的尺寸。在视图上标注基本几何体的尺寸时，应将 3 个方向的尺寸标注齐全，既不能少也不能重复。

掌握基本体的尺寸注法，是学习各种物体尺寸标注的基础。

1. 平面立体的尺寸标注

棱柱、棱锥及棱台除了标注确定其顶面和底面形状的尺寸，还要标注高度尺寸，如图 2-36、图 2-37 所示。

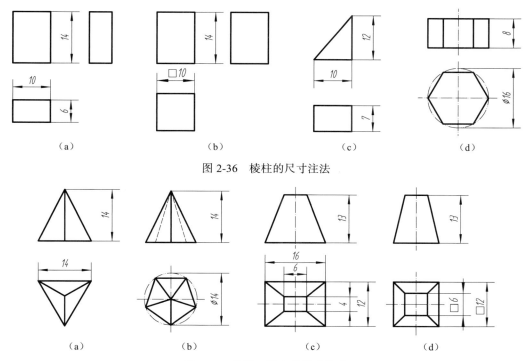

图 2-36　棱柱的尺寸注法

图 2-37　棱锥、棱台的尺寸注法

为了便于看图，确定顶面和底面形状的尺寸，宜标注在其反映实形的视图上。标注正方形尺寸时，采用在正方形边长尺寸数字前加注正方形符号"□"，如图 2-36（b）、图 2-37（d）所示。

2. 回转体的尺寸标注

圆柱、圆锥和圆锥台，应标注底圆直径和高度尺寸，并在直径数字前加注直径符号"ϕ"。标注球尺寸时，在直径数字前加注球直径符号"$S\phi$"。直径尺寸一般标注在非圆视图上。

当尺寸集中标注在一个非圆视图上时，一个视图即可表达清楚它们的形状和大小。圆柱、圆锥、圆台及球均用一个视图即可，如图 2-38 所示。

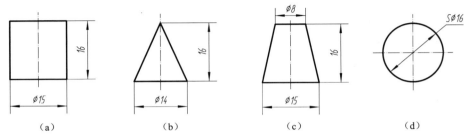

图 2-38   回转体的尺寸注法

3. 带切口几何体的尺寸注法

对带切口的几何体，除了标注基本几何体的尺寸，还要标注确定截平面位置的尺寸。但要注意，由于几何体与截平面的相对位置确定后，切口的截交线即完全确定，因此不应在截交线上标注尺寸。图 2-39 中画"×"的尺寸是错误的。

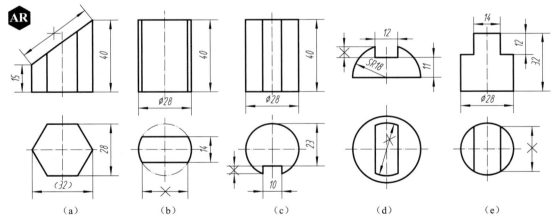

图 2-39   带切口几何体的尺寸注法

四、基本体表面上取点

在确定复杂形体的投影关系之前，首先需要明确其上各点的投影特性。通过对线和面上特殊点的投影分析作为突破口，往往能够快速找到解决问题的捷径。

1. 棱柱表面上取点

棱柱的表面均为平面，在棱柱表面上取点通常按以下思路进行。

（1）根据点的已知投影，确定点所在的表面。

（2）在积聚性表面上的点可以利用投影的积聚性直接求得该点的其余投影点，一般位置表面上的点则必须通过作辅助线求解。

AR 交互动画

带切口几何体的尺寸注法

（3）可见性判断，其判别原则为：若点位于投射方向的可见表面上，则点的投影可见；若点位于投射方向的不可见表面上，则点的投影不可见。

2. 棱锥表面上取点

在棱锥表面上取点的方法与在棱柱表面上取点的方法相同。由于棱锥的侧表面没有积聚性，因此在棱锥表面上取点时，必须先作辅助线，然后在辅助线上定点。

3. 圆柱表面上取点

在圆柱表面上取点的方法及可见性判断的原则与平面立体的相似。当圆柱轴线垂直于投影面时，可以利用投影的积聚性直接求出点的其余投影，不必通过作辅助线求解。

4. 球表面上取点

球面的 3 个投影均没有积聚性，且在球面上不能作出直线，因此在球面上取点时应采用平行于投影面的圆作为辅助圆的方法求解。球面上点的可见性判断原则与前面介绍的相同。

5. 圆锥表面上取点

由于圆锥表面的投影没有积聚性，因此在圆锥表面上取点必须先作辅助线（辅助素线或辅助圆），然后在辅助线上定点。圆锥面上点的可见性判断原则与平面立体及圆柱的相同。

【任务实施】

【例 2-6】 绘制正六棱柱的三视图。

作图步骤如表 2-6 所示。

表 2-6　　　　　　　　　　　　　　绘制正六棱柱的三视图

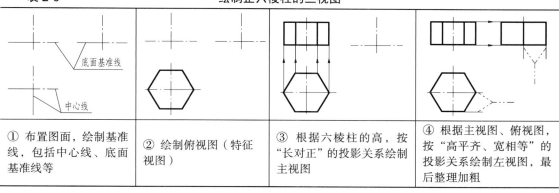

| ① 布置图面，绘制基准线，包括中心线、底面基准线等 | ② 绘制俯视图（特征视图） | ③ 根据六棱柱的高，按"长对正"的投影关系绘制主视图 | ④ 根据主视图、俯视图，按"高平齐、宽相等"的投影关系绘制左视图，最后整理加粗 |

【例 2-7】 绘制正三棱锥的三视图。

作图步骤如表 2-7 所示。

表 2-7　　　　　　　　　　　　　　绘制正三棱锥的三视图

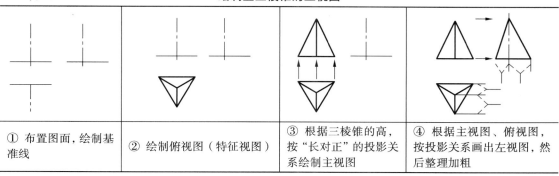

| ① 布置图面，绘制基准线 | ② 绘制俯视图（特征视图） | ③ 根据三棱锥的高，按"长对正"的投影关系绘制主视图 | ④ 根据主视图、俯视图，按投影关系画出左视图，然后整理加粗 |

【例2-8】 绘制圆柱的三视图。

作图步骤如表2-8所示。

表2-8 绘制圆柱的三视图

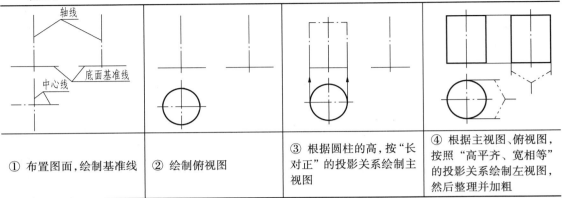

① 布置图面，绘制基准线	② 绘制俯视图	③ 根据圆柱的高，按"长对正"的投影关系绘制主视图	④ 根据主视图、俯视图，按照"高平齐、宽相等"的投影关系绘制左视图，然后整理并加粗

【例2-9】 绘制圆锥的三视图。

作图步骤如表2-9所示。

表2-9 绘制圆锥的三视图

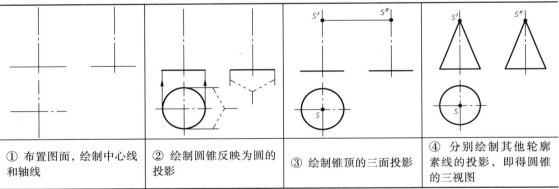

① 布置图面，绘制中心线和轴线	② 绘制圆锥反映为圆的投影	③ 绘制锥顶的三面投影	④ 分别绘制其他轮廓素线的投影，即得圆锥的三视图

【例2-10】 已知图2-40所示的正六棱柱表面上 M 点的正面投影 m'，求该点的其余两个投影并判断其可见性。

作图步骤如下。

① 由于 M 点的正面投影 m' 可见，并根据其在主视图中的位置，可知 M 点在六棱柱的左前面 $ABCD$ 上。

② 侧面 $ABCD$ 为铅垂面，其水平投影有积聚性，因此 m 必积聚在 ab（dc）上。

③ 由 m 和 m' 可求得 m''。

④ 判断可见性。由于 M 点所在的 $ABCD$ 面的侧面投影可见，因此 m'' 也可见。由于 $ABCD$ 面的水平投影有积聚性，因此 m 点积聚在该面的水平投影上，可见性不需要判断。

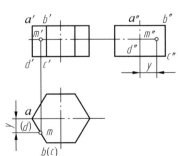

图2-40 在正六棱柱表面上取点

【例2-11】 已知图2-41所示的三棱锥表面上 M 点的正面投影 m'，求该点其余两投影并判断其可见性。

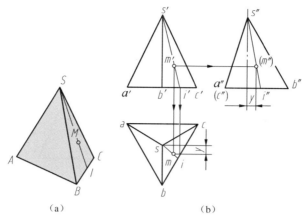

图 2-41　求三棱锥的投影

作图步骤如下。

① 过锥顶 S 和 M 点作辅助线 SI，如图 2-41（a）所示。

② 过 M 点的已知投影 m' 作辅助线的正面投影。连接 $s'm'$ 并延长，交底边于 i'，$s'i'$ 即辅助线 SI 的正面投影，如图 2-41（b）所示。

③ 求辅助线的其余两投影。按投影关系由 $s'i'$ 求得 si，并由 $s'i'$ 及 si 求得 $s''i''$。

④ 在辅助线上定点。按投影关系由 m' 点作垂线，在线段 si 上求得 m，再由 m' 点作水平线在线段 $s''i''$ 上求得 m''（也可按投影关系由 m' 及 m 直接求得 m''）。

⑤ 判断可见性。由于平面 SBC 的水平投影可见，因此 m 可见；由于平面 SBC 的侧面投影不可见，因此 m'' 不可见。

通过分析可知，按 m' 的位置及可见性，可判定 M 点在棱锥的 SBC 侧面上。由于 SBC 面为一般位置平面，因此求 M 点的其余投影，必须过 S 点在 SBC 平面上作辅助线。

【例 2-12】 已知图 2-42 所示的圆柱面上 A 点的正面投影（a'）及 B 点的水平投影（b），要求作这两点的其余投影，并判断其可见性。

作图步骤如下。

① 根据（a'）的位置并且为不可见，可判定 A 点在左后部分圆柱面上。

② 圆柱面的俯视图有积聚性，可由（a'）作垂线，在俯视图的圆周上直接求得 a，由于 a 位于圆柱面上，可见。再由（a'）和 a 按投影关系求得 a''。由于 A 点在左半部分圆柱面上，因此 a'' 可见。

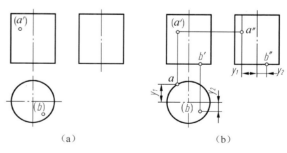

图 2-42　圆柱表面上点的投影分析

③ 由（b）的位置不可见，可判定 B 点在圆柱的下底面上，底面的正面投影有积聚性，可由（b）作垂线直接求出 b'，由于 B 点位于前半部分圆柱面上，因此 b' 可见。

④ 按投影关系，由（b）和 b' 求得 b''，b'' 不需要判断可见性。

【综合实训】

【实训 1】 已知图 2-43 所示的圆锥面上 M 点的正面投影 m'，求其余两投影并判断其可见性。

该题有以下两种作图方法。

（1）辅助素线法。

① 过锥顶 S 和 M 点作辅助素线 SI，如图 2-43（a）所示。

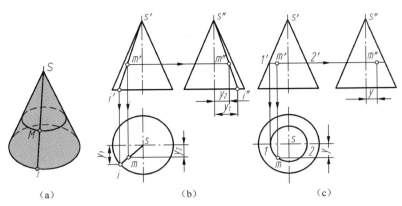

图 2-43　圆锥面分析

② 过 M 点的已知投影 m'作辅助素线的正面投影。连接 s'm'并延长，使其与底边相交于 i'，s'i'即辅助素线 SI 的正面投影。

③ 求辅助素线的其余两投影。按投影关系，由 s'i'求得 si，再由 s'i'及 si 求出 s"i"。

④ 在辅助素线上定点。按投影关系，由 m'作垂线，在 si 上求得 m，再由 m'在 s"i"上求得 m"（也可按投影关系由 m'及 m 直接求得 m"），如图 2-43（b）所示。

⑤ 判断可见性。M 点在左前部分锥面上，这部分锥面的水平投影和侧面投影均可见，即 m 及 m"可见。

（2）辅助圆法。

① 过 M 点在圆锥面上作垂直于轴线的辅助圆，如图 2-43（a）所示。

② 过 M 点的已知投影 m'作辅助圆的正面投影。过 m'作辅助圆的正面投影 1'2'（这时辅助圆的投影积聚为一条水平方向的线段，并且垂直于轴线）。

③ 求辅助圆的其余两投影。在俯视图中，以 s 为圆心、1'2'为直径画圆，得辅助圆的水平投影。按投影关系，延长 1'2'至侧面投影，得辅助圆的侧面投影。

④ 在辅助圆上定点。按投影关系，由 m'作垂线，与辅助圆的水平投影相交得 m，再由 m'和 m 求出 m"，如图 2-43（c）所示。

⑤ 判断可见性的方法与辅助素线法的相同。

根据 m'的位置及可见性，可判定 M 点在左前部分锥面上，应通过在锥面上作辅助线求解。

【实训 2】 已知球面上 K 点的水平投影 k，如图 2-44 所示，求 K 点的其余两个投影。

根据 k 的位置及可见性，可以判定 K 点在球面的前、左、上部，可通过 K 点取平行于 V 面的辅助圆求解。

作图步骤如下。

① 过 K 点的已知投影 k 作辅助圆的水平投影。过 k 作水平线 12，12 即辅助圆的水平投影（因为辅助圆平行于 V 面，所以水平投影积聚为一条水平方向的直线）。

② 求辅助圆的其余两投影。以点 O' 为圆心、12 为直径画圆，即得辅助圆的正面投影。由

投影关系可知，辅助圆的侧面投影为长度等于 12 的铅垂线。

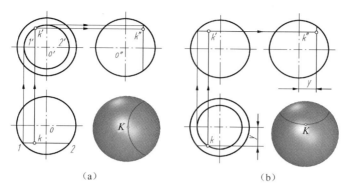

(a)   (b)

图 2-44　球面的投影

③ 在辅助圆上定点。按投影关系，由 k 作垂线与辅助圆的正面投影相交得 k'，由 k' 作水平线在辅助圆的侧面投影上求得 k''。

④ 判断可见性。由于 K 点在球面的前、左、上部，因此正面投影 k' 及侧面投影 k'' 均可见。

【项目小结】

中心投影法和平行投影法是两种常用的投影法。在机械制造中主要采用平行投影法中的"正投影法"绘制机械图样。因为正投影法作图简便，能反映物体的真实形状且度量性好，所以在生产中被广泛应用。三视图是应用正投影法原理，从空间 3 个方向观察物体的结果。三视图的投影规律可以归纳为"长对正、高平齐、宽相等"（简称"三等"关系），在看图和画图时都要遵循这一规律。

点的投影仍然是点。直线倾斜于投影面，投影变短线；直线平行于投影面，投影实长现；直线垂直于投影面，投影聚一点。平面平行于投影面，投影原形现；平面倾斜于投影面，投影面积变；平面垂直于投影面，投影聚成线。

平面立体的投影就是表示组成立体的面和棱线的投影：平面立体投影图中的线条，可能是平面立体上的面与面的交线的投影，也可能是某些平面具有积聚性的投影。而平面立体投影图中的线框，一般是平面立体上某个平面的投影。

曲面立体的投影就是其转向轮廓线（它是曲面立体可见与不可见部分的分界线）和回转轴线的投影。曲面立体投影图中的线条，可能是曲面立体上具有聚积性的曲面的投影，还可能是光滑曲面的转向轮廓线的投影。而曲面立体投影图中的线框，一般是曲面立体中的一个平面或一个曲面的投影。

对平面立体一定要标出长、宽、高 3 个方向的尺寸，对曲面立体只需标出径向、轴向两个尺寸即可（一般来说，对曲面立体长、宽、高 3 个方向尺寸有两个尺寸重合）。

【思考题】

1. 投影法分为哪两类？正投影是如何形成的？正投影主要有哪些基本特性？
2. 三视图之间的投影规律是什么？在三视图中如何判断视图与物体的方位？
3. 点的投影与直角坐标系的关系是什么？
4. 试述投影面平行线、投影面垂线在三面投影体系中的投影特性。

5. 试述投影面平行面、投影面垂直面在三面投影体系中的投影特性。

【综合演练】

1. 如图 2-45 所示，已知圆柱的两个投影，求其表面上点、线的投影。

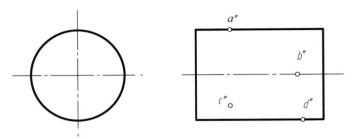

图 2-45　求圆柱表面点、线的投影

2. 如图 2-46 所示，已知四棱柱被截切后的主视图和左视图，求作其俯视图。

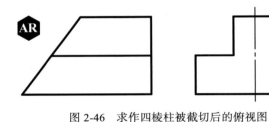

图 2-46　求作四棱柱被截切后的俯视图

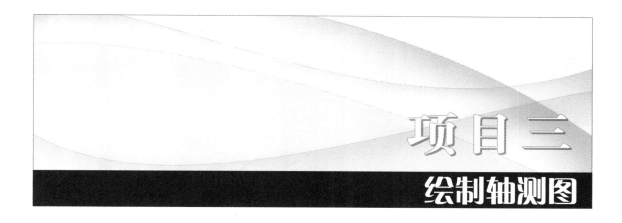

【项目导读】

面对一张设计图纸上某个机件的三视图，是否每个人都能很快地想象出它的形状结构呢？有没有一种表达方法能够辅助三视图直观地反映物体的形态和构造呢？

轴测图常作为机械制图的辅助图样，因为它具有良好的立体感。掌握轴测图的画法，有助于提高空间想象能力和造型能力。本项目主要介绍轴测图的概念、有关的名词解释、正等轴测图和斜二轴测图的画法。

【学习目标】

- 掌握轴测图的形成原理及特性。
- 明确轴测图的类型及应用范围。
- 掌握正等轴测图的特性及绘制方法。
- 了解斜二轴测图的特性及绘制方法

【素质目标】

- 培养按照国家标准进行设计的能力。
- 培养正确绘制轴测图的能力。
- 培养绘制规范、标准图样的能力。

任务一 创建正等轴测图

【知识准备】

一、轴测图的形成

将物体连同其参考直角坐标系，沿不平行于任一坐标面的方向，用平行投影法将其投射在单一投影面上，所得的具有立体感的图形称为轴测投影图，简称轴测图或轴测投影，如图 3-1 所示投影面 P 上所得的图形。

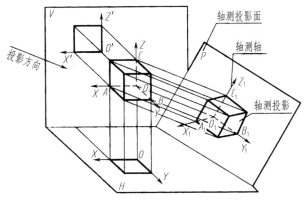

图 3-1 轴测图的形成

轴测图中各部分的名称及特性如下。

（1）投影面 P 称为轴测投影面。

（2）直角坐标轴 OX、OY、OZ 在轴测投影面 P 上的投影 O_1X_1、O_1Y_1、O_1Z_1，称为轴测投影轴，简称轴测轴。

（3）两轴测轴之间的夹角（$\angle X_1O_1Y_1$、$\angle X_1O_1Z_1$、$\angle Y_1O_1Z_1$），称为轴间角。

（4）轴测轴上的单位长度与相应坐标轴上的单位长度的比值，称为轴向伸缩系数。

- X 轴的轴向伸缩系数：$p=O_1A_1/OA$。
- Y 轴的轴向伸缩系数：$q=O_1B_1/OB$。
- Z 轴的轴向伸缩系数：$r=O_1C_1/OC$。

微课

轴测图的生成原理

二、轴测图的特性

轴测图具有平行投影的一切性质。

① 物体上相互平行的线段在轴测图中也相互平行。

② 物体上与坐标轴平行的线段，在轴测图中仍然与相应的轴测轴平行。

三、轴测图的分类

根据投影方法不同，轴测图可以分为正轴测投影和斜轴测投影。

① 用正投影法（投射方向 S 与投影面垂直）得到的轴测投影，称为正轴测投影，如图 3-2（a）所示。

② 用斜投影法（投射方向 S 与投影面倾斜）得到的轴测投影，称为斜轴测投影，如图 3-2（b）所示。

根据轴向伸缩系数的不同，轴测投影分为以下 3 类。

① 正（斜）等轴测投影：3 个轴向伸缩系数相等的轴测投影，即 $p = q = r$。

② 正（斜）二等轴测投影：3 个轴向伸缩系数有 2 个相等的轴测投影，即 $p = q \neq r$ 或 $p = r \neq q$ 或 $r = q \neq p$。

③ 正（斜）三轴测投影：3 个轴向伸缩系数都不相等的轴测投影，即 $p \neq q \neq r$。

在绘制轴测图时，一般采用正等轴测投影和斜二轴测投影。

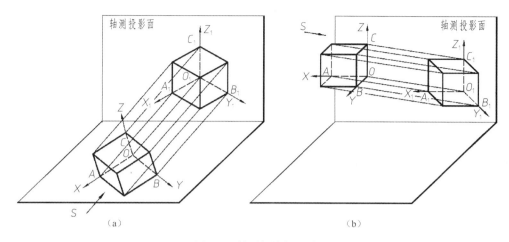

图 3-2　轴测投影的形成

四、正等测的轴间角和轴向伸缩系数

使确定物体的空间直角坐标轴对轴测投影面的倾角相等，用正投影法将物体连同其坐标轴一起投射到轴测投影面上，所得到的轴测图称为正等轴测图，简称正等测。

正等测的轴间角均为 $120°$，一般将 O_1Z_1 轴画成垂直的，O_1X_1 轴和 O_1Y_1 轴画成与水平线夹角为 $30°$，如图 3-3 所示。

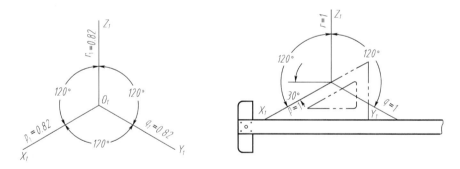

图 3-3　正等测轴间角和轴向伸缩系数及轴测轴的画法

O_1X_1、O_1Y_1 和 O_1Z_1 的轴向伸缩系数相等，即 $p_1 = q_1 = r_1 = 0.82$。为了作图方便，一般把轴向伸缩系数简化为 1，即所有与坐标轴平行的线段均按实长量取，这样绘制的图形放大了 1.22 倍（$1 : 0.82 \approx 1.22$），但形状和直观性都不发生变化，如图 3-4 所示。

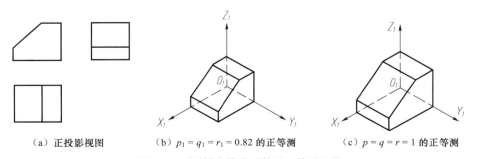

（a）正投影视图　　　　　（b）$p_1 = q_1 = r_1 = 0.82$ 的正等测　　　　　（c）$p = q = r = 1$ 的正等测

图 3-4　不同轴向伸缩系数的正等测比较

五、轴测轴的设置

轴测轴一般设置在形体本身某一特征位置的线上，可以是主要棱线、对称中心线、轴线等，如图 3-5 所示。

正等轴测图的画法

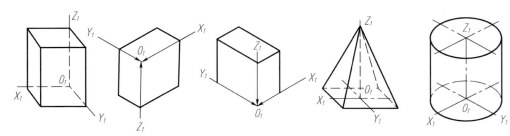

图 3-5　轴测轴的设置

六、平面立体的正等测画法

1．坐标法

坐标法绘图是根据图样中各个点的坐标确定各个顶点的位置，然后依次连线，最终完成绘图的一种画法。其基本作图步骤如下。

（1）确定坐标原点和直角坐标轴，并画出轴测轴。

（2）根据各顶点的坐标，画出其轴测投影。

（3）依次连线，完成整个平面立体的轴测图的绘制。

　　　轴测图中的细虚线一般省略不画。

2．切割法

先画出完整基本体的轴测图（通常为方箱），然后按其结构特点逐个切去多余部分，最后完成形体的轴测图的绘制，这种作图方法称为切割法。

3．叠加法

将组合体分解成若干个基本体，分别画出各基本体的轴测图，再把各个部分进行准确定位后叠加在一起，最后完成整个物体的轴测图的绘制，这种作图方法称为叠加法。

七、曲面立体的正等测画法

曲面立体正等测画法的重点是绘制圆的正等测。圆的正等测是椭圆，为了作图方便，常采用菱形法（也称为四心圆法）画椭圆。

圆的正等轴测图画法

圆柱的正等轴测图画法

【任务实施】

【例 3-1】 已知三棱锥 $SABC$ 的三视图如图 3-6 所示，求作正等测。

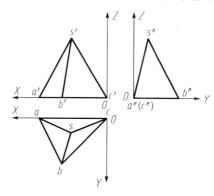

图 3-6　三棱锥的三视图

用坐标法作图的步骤如表 3-1 所示。

表 3-1　　　　　　　　　　　　　　　　　坐标法作图

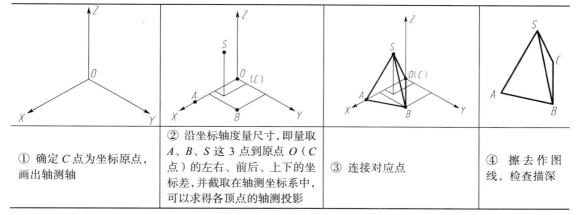

① 确定 C 点为坐标原点，画出轴测轴	② 沿坐标轴度量尺寸，即量取 A、B、S 这 3 点到原点 O（C 点）的左右、前后、上下的坐标差，并截取在轴测坐标系中，可以求得各顶点的轴测投影	③ 连接对应点	④ 擦去作图线，检查描深

【例 3-2】 根据正六棱柱的主视图、俯视图，用坐标法作正等测，画法如表 3-2 所示。

表 3-2　　　　　　　　　　　　正六棱柱正等测的坐标法画法

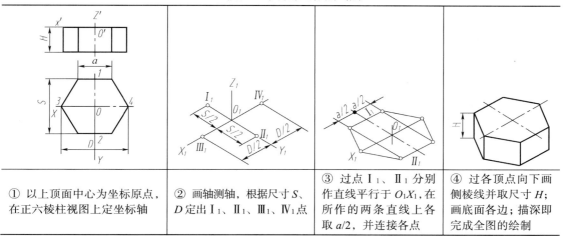

① 以上顶面中心为坐标原点，在正六棱柱视图上定坐标轴	② 画轴测轴，根据尺寸 S、D 定出 I_1、II_1、III_1、IV_1 点	③ 过点 I_1、II_1 分别作直线平行于 O_1X_1，在所作的两条直线上各取 $a/2$，并连接各点	④ 过各顶点向下画侧棱线并取尺寸 H；画底面各边；描深即完成全图的绘制

【例3-3】 根据正三棱锥的主视图、俯视图，用坐标法作正等测，画法如表3-3所示。

表3-3 　　　　　　　　　　　　　**正三棱锥正等测的坐标法画法**

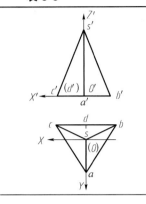	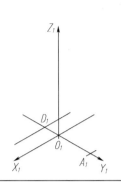	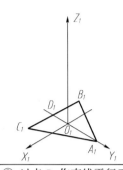	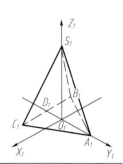
① 以底面中心为坐标原点，在正三棱锥视图上定坐标轴	② 画轴测轴，在 O_1Y_1 轴上定出点 A_1、D_1（$A_1 O_1=ao$、$D_1 O_1=do$）	③ 过点 D_1 作直线平行于 O_1X_1 轴，在直线上确定点 B_1、C_1（$B_1C_1=bc$），并连接底面各点	④ 在 O_1Z_1 轴上取点 S_1（$O_1S_1=O'S'$），连接各顶点，判断可见性并描深，完成全图的绘制

【例3-4】 根据三视图，用切割法作出压块的正等测，画法如表3-4所示。

表3-4 　　　　　　　　　　　　　**用切割法作压块的正等测**

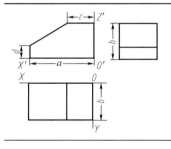	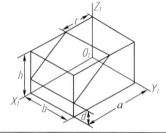	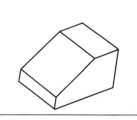
① 确定坐标原点，在视图上定坐标轴	② 画轴测轴 O_1X_1、O_1Y_1、O_1Z_1。根据视图中给出的尺寸 a、b、h 画出原来的整体形状——长方体的正等测，再根据所给出的尺寸 c、d 定出斜面的4个顶点，依次连接各点	③ 擦去多余的作图线，描深即完成正等测的绘制

【例3-5】 根据给出的组合体的三视图，如图3-7所示，用叠加法作其正等测。

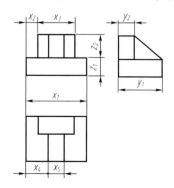

图3-7　组合体的三视图

分析视图，该组合体由底板、立板和三角肋板3个部分组成，其正等测画法如表3-5所示。

表 3-5   用叠加法作组合体的正等测

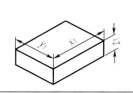	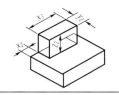		
① 根据尺寸 x_1、y_1、z_1 画出底板的正等测	② 根据尺寸 x_2、x_3、y_2、z_2 画出立板的正等测	③ 根据尺寸 x_4、x_5 画出三角肋板的轴测图	④ 描深并完成全图的绘制

【例 3-6】 用菱形法作平行于 H 面圆的正等测，画法如表 3-6 所示。

表 3-6   用菱形法作平行于 H 面圆的正等测

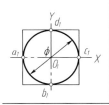	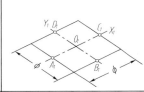	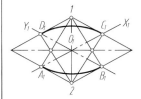	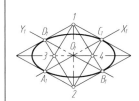
① 确定坐标轴并作圆的外切正方形，与坐标轴交于点 a_1、b_1、c_1、d_1	② 画轴测轴 O_1X_1、O_1Y_1，定 4 个初点 A_1、B_1、C_1、D_1，过点 A_1、B_1、C_1、D_1 分别作 O_1X_1、O_1Y_1 的平行线，得一菱形。菱形的对角线即椭圆长短轴的位置	③ 分别以菱形短对角线的顶点 1、2 为圆心，以 $1A_1$、$2C_1$ 为半径画两段大圆弧	④ 连接 $1A_1$、$2D_1$、$2C_1$、$1B_1$ 交椭圆长轴于 3、4 两点，分别以 3、4 点为圆心，$3A_1$、$4B_1$ 为半径画两段小圆弧，即得所求的近似椭圆

平行于 V 面和 W 面的圆的正等测画法与平行于 H 面的椭圆画法类似，如图 3-8 所示。从图中可以看出，平行于各坐标面且直径相等的圆的正等测是大小相等、形状相同的椭圆，但其长轴、短轴方向不同，绘制时关键是定出相应投影面的轴测轴。平行于 H 面、V 面、W 面的轴测轴分别是 $X_1O_1Y_1$、$X_1O_1Z_1$、$Y_1O_1Z_1$。圆柱 3 个方向的正等测如图 3-9 所示。

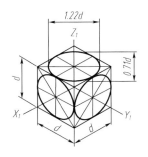

图 3-8   平行坐标面的圆的正等测

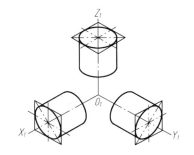

图 3-9   圆柱 3 个方向的正等测

图 3-8 作出了底分别平行于 $X_1O_1Y_1$、$Y_1O_1Z_1$、$X_1O_1Z_1$ 这 3 个坐标面的圆柱正等测，其中椭圆的画法是相同的，只是圆平面内所含的轴测轴不同，外切菱形的方向不同，因此椭圆的结果不同。

【例 3-7】 根据所给视图，作圆柱的正等测，画法如表 3-7 所示。

表 3-7　　　　　　　　　　　　　　　圆柱的正等测画法

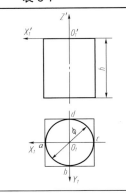	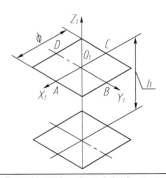	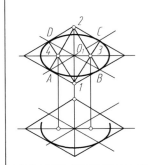	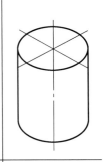
① 确定坐标原点和坐标轴，作圆柱上底圆的外切正方形，得切点 a、b、c、d	② 画轴测轴，定 4 个切点 A、B、C、D，过这 4 个点分别作 X_1 轴、Y_1 轴的平行线，作外切菱形，Z_1 轴反方向截取圆柱高度 h，用同样的方法作出下底圆外切菱形	③ 作上底圆的轴测图（椭圆）和下底圆椭圆的可见部分	④ 作两椭圆的公切线，擦去多余线、描深，完成圆柱的正等测的绘制

【例 3-8】　根据所给视图，作圆角平板的正等测，画法如表 3-8 所示。

表 3-8　　　　　　　　　　　　　　　圆角平板的正等测画法

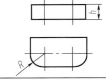	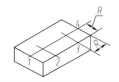	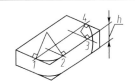	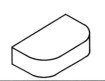
① 圆角平板的主视图、俯视图	② 作不带圆角平板的正等测，并根据圆角半径 R 定出顶面 4 个切点 1、2、3、4	③ 过各切点分别作相应棱线的垂线，得两个交点。以交点为圆心、交点到切点的距离为半径画弧，完成顶面两圆角的绘制。将圆心沿 Z_1 轴下移 h，可得底面圆角圆心，用同样的方法作出可见圆弧部分	④ 作平板右侧上、下圆弧的公切线，擦去多余线、描深，完成圆角平板的正等测的绘制

任务二　绘制斜二轴测图

当物体的 OX 和 OZ 轴与轴测投影面平行，OY 轴与轴测投影面垂直时，用斜投影法在轴测投影面上所得的投影称为斜二轴测图，简称斜二测，如图 3-10 所示。

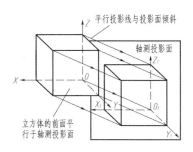

图 3-10　斜二测的形成

【知识准备】

一、斜二测的轴间角和轴向伸缩系数

斜二测的轴间角 $\angle X_1O_1Z_1 = 90°$，$\angle X_1O_1Y_1 = \angle Y_1O_1Z_1 = 135°$。$O_1X_1$ 和 O_1Z_1 的轴向伸缩系数 $p_1 = r_1 = 1$，O_1Y_1 的轴向伸缩系数 $q_1 = 0.5$，如图 3-11 所示。

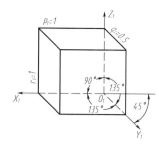

图 3-11　轴间角和轴向伸缩系数

二、斜二测的画法

在斜二测中，物体上平行于 $X_1O_1Z_1$ 坐标面的平面反映实形。因此，常选择物体上有较多的圆或形状复杂的平面平行于 $X_1O_1Z_1$ 坐标面，使作图简化。

微课

斜二轴测图的画法

【任务实施】

【例 3-9】　根据所给视图，作带槽凹块的斜二测，画法如表 3-9 所示。

表 3-9　　　　　　　　　　　　带槽凹块的斜二测画法

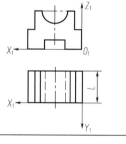	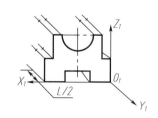	
① 在已知两视图上定坐标轴（选择物体的前面与 $X_1O_1Z_1$ 坐标面平行）	② 作轴测轴，画物体前面（主视图）图形，从前面各交点作 O_1Y_1 轴的平行线，并截取 $L/2$	③ 作后面圆弧及其他可见轮廓线，擦去多余图线，描深即完成全图的绘制

【例 3-10】　根据所给视图，作空心圆台的斜二测，画法如表 3-10 所示。

表 3-10　　　　　　　　　　　　空心圆台的斜二测画法

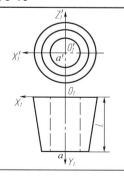	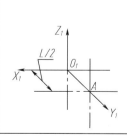	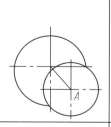	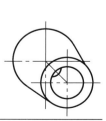
① 在已知两视图上定坐标轴（将圆台的轴线垂直于 $X_1O_1Z_1$ 坐标面，使其前、后面的内外圆平行于 $X_1O_1Z_1$ 坐标面）	② 作轴测轴，在 O_1Y_1 轴上量取 $O_1A=L/2$，确定前面的圆心	③ 作出前、后面外圆的轴测图	④ 作前、后面外圆的公切线，画内孔可见部分，擦去多余图线，描深即完成全图的绘制

【综合实训】

【实训1】 绘制图 3-12 所示正六棱柱的正等测。

图 3-12 绘制正六棱柱的正等测

绘制正六棱柱的正等测的步骤如表 3-11 所示。

表 3-11   绘制正六棱柱的正等测的步骤

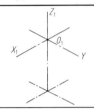		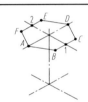		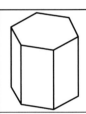
① 建立坐标系。画轴测轴，将顶面中心放在坐标原点 O_1，取顶面对称中心线为轴测轴 O_1X_1、O_1Y_1	② 顶面取点。在 O_1X_1 上截取六边形对角线长度，得 A、D 两点，在 O_1Y_1 轴上截取 1、2 两点	③ 分别过 1、2 两点作平行线 $BC\parallel EF\parallel O_1X_1$，使 $BC=EF=$ 六边形的边长，连接 A、B、C、D、E、F 各点，得正六棱柱顶面的正等测	④ 画底面轴测图。过顶面的各顶点向下作平行于 O_1Z_1 的各条棱线，使其长度等于正六棱柱的高	⑤ 完成轴测图。画出底面，去掉多余线，加深整理后得到正六棱柱的正等测

【实训2】 绘制图 3-13 所示物体的正等测。

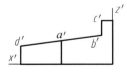

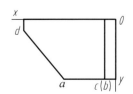

图 3-13 绘制物体的正等测

绘制物体的正等测的步骤如表 3-12 所示。

表 3-12　　　　　　　　　　绘制物体的正等测的步骤

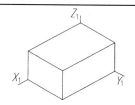	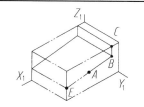	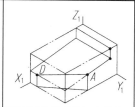	
① 选定坐标原点并画轴测轴，画出完整的长方体	② 根据 A、B、C、E 各点在三视图中的位置（由图中量取），确定轴测图中 A、B、C 点的位置（E 为 BA 延长线与棱边的交点），挖切左上方长方体	③ 根据 D 点在三视图中的位置，确定轴测图中 D 点位置，并过 A、D 点作底面的垂线，挖切左下三角	④ 去掉多余的线，整理加深后得到物体的正等测

【项目小结】

轴测图是一种能反映物体三维空间形状的单面投影图，它在表达机器的操纵机构、空间管路的布置、机器外观的形状时，比多面正投影更加形象、易懂，常作为三视图的辅助图样来帮助读图。

轴测投影方向垂直于轴测投影面的投影图，称为正轴测图；轴测投影方向倾斜于轴测投影面的投影图，称为斜轴测图。工程上多采用正等轴测图（轴间角及各轴的轴向伸缩系数全相同）及斜二轴测图（有一个坐标面与轴测投影面平行，3 个轴向伸缩系数中的 2 个相等）。

画轴测图的基本方法是坐标法，另外根据物体的具体结构还会用到切割法和叠加法。在实际绘图中，这 3 种方法在多数情况下是综合起来应用的。一般的画图顺序是先画形体上的主要表面，后画次要表面；先画顶面，后画底面；先画前面，后画后面；先画左面，后画右面。

微课

综合案例——绘制
轴测图

【思考题】

1. 说明轴测图与三视图的区别与联系。
2. 简要说明轴测图的用途。
3. 简述轴测图的形成、轴间角和轴向伸缩系数的概念。
4. 简述轴测图的投影特性及分类。
5. 常用的正等测主要有哪些类型？

【综合演练】

1. 画出图 3-14 所示垫块的正等测。

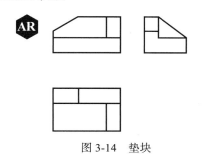

图 3-14　垫块

垫块

2. 根据图 3-15 所示支架的视图绘制其斜二测。

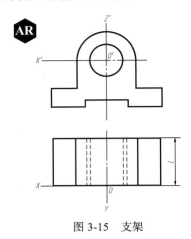

图 3-15　支架

【项目导读】

想一想，一个立方体和一个圆柱体相加得到什么结果，一个立方体和一个圆柱体相减又得到什么结果呢（见图4-1）？

可以看出，一些形状简单、规则的基本形体（棱柱、棱锥、圆柱、圆锥、球和环等）经过叠加或挖切就会组合成形状比较复杂的几何体，这种几何体就称为组合体。

本项目主要介绍组合体的形体分析法、三视图的画法、尺寸注法及读图等内容。

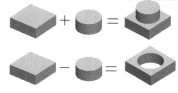

图4-1　形体的组合

【学习目标】

- 掌握形体分析法的用途和用法。
- 学会根据轴测图画组合体的三视图。
- 学会正确、完整、清晰地标注组合体的尺寸。
- 学会用形体分析法并辅以线面分析法读懂组合体视图。
- 掌握由组合体的两个视图画出第三视图及补全缺线的方法。

【素质目标】

- 培养严谨的工作作风。
- 培养综合分析的设计能力。
- 培养绘制规范、标准图样的能力。

任务一　掌握组合体的形体分析法

【知识准备】

一、形体分析法

图 4-2（a）中的支座可以看成由一块长方体底板（穿孔，即切去一个圆柱体）、两块尺寸

相同的梯形立板、一块半圆形立板（穿孔，即切去一个圆柱体）叠加起来的综合型组合体，如图 4-2（b）所示。

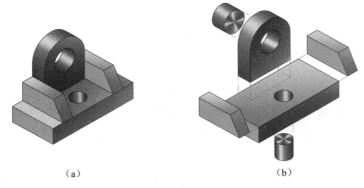

（a）　　　　　　　　　　　　（b）

图 4-2　支座的形体分析

画组合体三视图时，可以采用"先分后合"的方法，即先想象将组合体分解成若干个基本几何体，然后按其相对位置逐个画出各基本几何体的投影，综合起来，即得到整个组合体的视图。这样就可以把一个复杂的问题分解成几个简单的问题加以解决。

为了便于画图，通过分析，将物体分解成若干个基本几何体，并搞清它们之间相对位置和组合形式的方法，称为形体分析法。

二、组合体的组合形式

组合体的形状各种各样，但就其组合形式来说，主要有叠加、切割和综合 3 种，如图 4-3 所示。

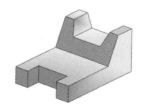

（a）叠加后的组合体　　　　（b）被切割后的组合体　　　　（c）综合型组合体

图 4-3　组合体的组合形式

1．叠加式组合体

由基本几何体叠加而成的组合体称为叠加式组合体。

如图 4-4（a）所示物体的轴测图（立体图），此形体为叠加式组合体，可分解为 3 个部分：第一部分为底板，第二部分为竖板，第三部分为三角板。底板的方槽在左视图中不可见，所以按规定画成虚线。

画图时要注意各部分之间的相对位置及表面连接关系，由于底板和竖板前面平齐，在主视图中应将多余的线擦除，最后将三视图加深，如图 4-4（b）~图 4-4（e）所示。

叠加式组合体按照形体表面接触方式的不同，可以分为相接、相切和相贯 3 种，如图 4-5 所示。

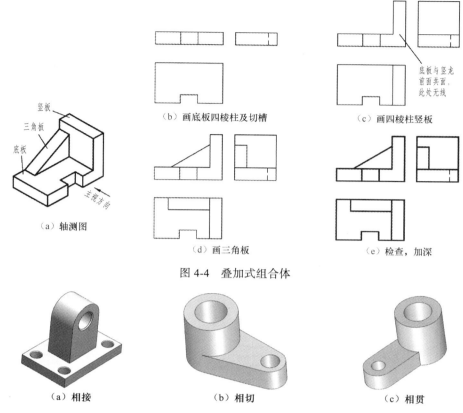

（a）轴测图

（b）画底板四棱柱及切槽

（c）画四棱柱竖板

底板与竖龙
前面共面，
此处无线

（d）画三角板

（e）检查，加深

图 4-4　叠加式组合体

（a）相接　　　　　　　　　（b）相切　　　　　　　　　（c）相贯

图 4-5　叠加式组合体的接触方式

（1）相接方式。两形体以平面相互接触的组合方式称为相接方式，如图 4-5（a）所示。相接方式的分界线为线段或平面曲线，只要知道它们所在的平面位置，就可以画出其投影。

（2）相切方式。两形体在相交处相切的组合方式称为相切方式。相切方式的形体之间过渡平滑自然，如图 4-5（b）所示。

（3）相贯方式。两形体的表面彼此相交的组合方式称为相贯方式，如图 4-5（c）所示。在相交处的交线称为相贯线。由于形体不同，相交的位置不同，就会产生不同的交线。这些交线有的是直线，有的是曲线。一般情况下，相贯线的投影可以通过表面取点法或辅助平面法画出。

当相邻两形体的表面平齐（共面）时，视图中间应无分界线，如图 4-6（a）所示；当相邻两形体表面不平齐时，其画法如图 4-6（b）所示。

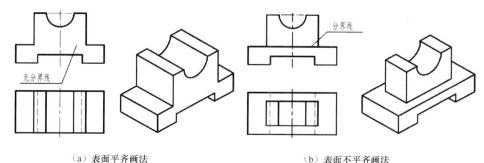

无分界线

分界线

（a）表面平齐画法　　　　　　　　　　　　（b）表面不平齐画法

图 4-6　两形体表面平齐与不平齐的画法

2. 切割式组合体

切割式组合体可以看成在基本几何体上进行切割、钻孔及挖槽等所构成的形体。

图4-7（a）所示的物体可以看成一个长方体经多次切割而成的组合体，切割示意如图4-7（b）所示。绘图时被切割后的轮廓线必须画出。

3. 综合式组合体

综合式组合体是指通过叠加和切割两种形式得到的组合体。常见的组合体大都是综合式组合体。既有叠加又有切割的组合是十分常见的组合形式。图4-8所示为综合式组合体的形体分析。

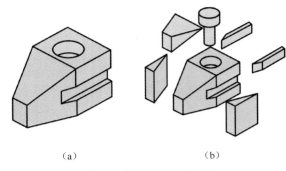

（a）   （b）

图4-7　压块及其形体分析

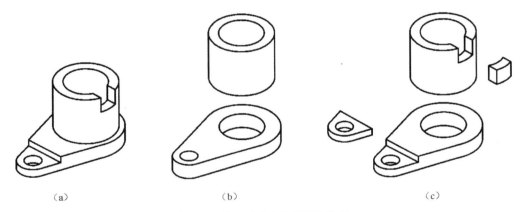

（a）   （b）   （c）

图4-8　综合式组合体的形体分析

微课

组合体的组合形式

微课

组合体表面间的
连接关系

【任务实施】

【例4-1】　分析图4-9（a）所示支座的组合特点。

① 形体分析。

- 该支座可以看成由一块长方体底板和一个呈半圆形的座体组成，如图4-9（b）所示。
- 座体底面放在底板顶面上，两形体的结合处为平面，如图4-9（c）所示。
- 该支座可以看成采用相接的叠加式组合体。

② 视图分析。两个形体按它们的相对位置，根据"长对正、高平齐、宽相等"的投影对应关系画在一起，就构成了图4-9（a）所示的三视图。

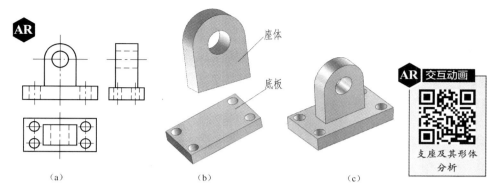

图 4-9　支座及其形体分析

　　图 4-9 所示的座体与底板由于相互位置在宽度方向上不平齐，故在主视图上可以看到两者中间有线隔开。又由于它们在长度方向上端面不平齐，因此在左视图上也可以看到两者中间有线隔开。

　　图 4-10 所示的另一个支座，由于在宽度方向上平齐，前面构成了一个平面，因此在主视图上两者中间就没有线隔开。

　　【例 4-2】　分析图 4-11 所示套筒的组合特点。

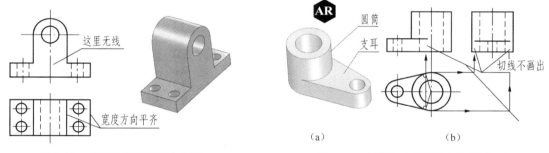

图 4-10　支座的三视图和立体图　　　　　图 4-11　套筒的三视图和立体图（一）

　　① 形体分析。可以把套筒看成是支耳与圆筒两部分相切叠加而成的。

　　② 视图分析。

　　• 由于两形体相切，在相切处光滑过渡，两者之间没有分界线，所以相切处不画切线。

　　• 从主视图和左视图看，支耳只是根据俯视图上切点的位置而画到相切位置，但不画出切线。

　　【例 4-3】　分析图 4-12 所示套筒的组合特点。

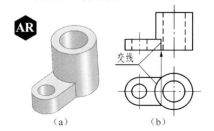

图 4-12　套筒的三视图和立体图（二）

① 形体分析。可以把套筒看成由支耳与圆筒叠加而成。

② 视图分析。

- 两形体的交线是由线段和曲线组成的。
- 交线的正面投影是线段。
- 交线的水平投影是一段与圆柱表面相重合的圆弧。

任务二　绘制截交线

【知识准备】

用来截切几何体的平面称为截平面，几何体被截切后的部分称为截切体，截平面截切几何体所形成的交线称为截交线，如图 4-13 所示。

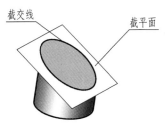

图 4-13　截切体

1. 六棱柱的截交线

六棱柱的截交线是封闭的多边形，多边形的顶点为六棱柱的棱边与截平面的交点，将这些交点依次连接即得六棱柱的截交线。

微课

平面截切棱柱后的
截交线

微课

平面截切棱锥后的
截交线

2. 圆柱的截交线

用一平面截切圆柱，所形成的截交线有 3 种情况，如表 4-1 所示。

表 4-1　　　　　　　　　　　　　圆柱的截交线

截平面的位置	平行于轴线	垂直于轴线	倾斜于轴线
立体图			
投影图			
截交线的形状	矩形	圆	椭圆

3. 球体的截交线

任何位置的截平面截切球体时,其截交线都是圆。

当截平面平行于某一投影面时,截交线在该投影面上的投影为圆的实形,在其他两投影面上的投影都积聚为线段。当截平面处于其他位置时,截交线的 3 个投影中必有椭圆;当截平面不平行于任意一个投影面时,截交线的 3 个投影均为椭圆。

微课

平面截切圆柱后的
截交线

微课

平面截切球面后的
截交线

【任务实施】

【例 4-4】 如图 4-14(a)所示,已知六棱柱被平面斜切后的主视图、俯视图,求其左视图。

(1)分析。

① 六棱柱被正垂面斜切,截交线为六边形,其 6 个顶点为 6 条棱边与截平面的交点。

② 六边形的正面投影与截平面的正面投影重合,水平投影则重合于六棱柱俯视图。

③ 已知六棱柱的两个投影,即可求得其侧面投影。

(2)作图。

① 作出完整棱柱的左视图,如图 4-14(b)所示。

② 作出截交线的侧面投影。

首先找出截交线的 6 个顶点的水平投影 1、2、3、4、5、6 及其正面投影 1′、2′、3′、4′、5′、6′,然后按照投影规律分别求出各点的侧面投影 1″、2″、3″、4″、5″、6″,最后依次连接各点的侧面投影即得截交线的侧面投影,如图 4-14(b)所示。

③ 整理左视图的轮廓线。

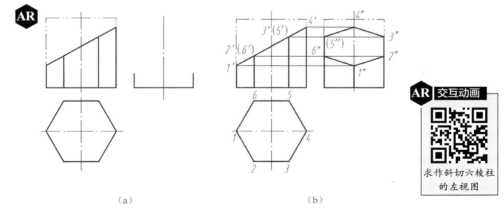

AR 交互动画
求作斜切六棱柱
的左视图

(a)   (b)

图 4-14 求作斜切六棱柱的左视图

【例 4-5】 图 4-15(a)所示为四棱柱被多个平面切割,画出该形体的三视图。

(1)分析。

图 4-15(a)所示为四棱柱被正垂面 P 切割后,左边又被挖去了一矩形槽。要作出它的投

影图，需先画出四棱柱的三视图，再根据截平面的位置，利用在平面立体表面上取点、取线的作图方法来作图。

（2）作图。

① 确定主视图的投影方向，画出基本形体四棱柱的三视图，如图4-15（b）所示。

② 根据截平面P的位置，画出它具有积聚性的正面投影，再画出水平面投影和侧面投影，如图4-15（c）所示。

③ 由于该形体左端的矩形槽由两个正平面、一个侧平面切割而成，因此根据切口尺寸，先画矩形槽具有积聚性的水平投影，再画正面投影，根据主、俯视图，利用投影规律，作出各点的侧面投影，连接各点，完成矩形槽的投影的绘制，如图4-15（d）所示。

④ 擦去多余的图线，检查即得物体的三视图。

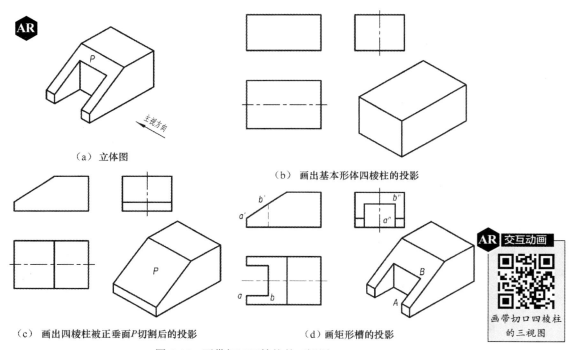

（a）立体图

（b）画出基本形体四棱柱的投影

（c）画出四棱柱被正垂面P切割后的投影

（d）画矩形槽的投影

图4-15　画带切口四棱柱的三视图

【例4-6】 已知圆柱体被正垂面斜切后的主视图、俯视图如图4-16（a）所示，求其左视图。

（1）分析。

① 圆柱被正垂面斜切，截交线为椭圆。

② 其正面投影与截平面的正面投影重合，为线段；其水平投影重合于圆柱的俯视图上，为圆。

③ 已知椭圆的两个投影，即可求得其侧面投影。

（2）作图。

① 画出完整圆柱的左视图。

② 画出截交线的侧面投影。

- 求特殊点：在图4-16（b）中，Ⅰ、Ⅱ、Ⅲ、Ⅳ为圆柱轮廓素线上的点。其中，Ⅰ、Ⅱ既是最低点、最高点，也是最左点、最右点，Ⅲ、Ⅳ分别是最前点、最后点。由它们的水平投影1、2、3、4和正面投影1′、2′、3′、4′，按照投影规则即可求出各点的侧面投影1″、2″、3″、4″。

- 求一般点：为使作图准确，应在特殊点之间定若干一般点。在图 4-16（b）中任取 A、B、C、D 这 4 点。作图时，先在截交线已知的正面投影上找出水平投影 a、b、c、d 这 4 点对应的正面投影 a'、b'、c'、d'，然后按照投影关系作出 a''、b''、c''、d''。

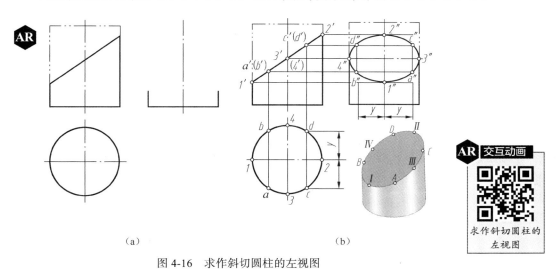

（a）　　　　　　　　　　（b）

图 4-16　求作斜切圆柱的左视图

③ 按截交线水平投影的顺序，依次平滑连接各点的侧面投影，即得截交线的侧面投影——椭圆。

④ 整理左视图的轮廓线，并判断可见性。

【例 4-7】　如图 4-17（a）所示，已知圆柱的主视图、俯视图，作其左视图。

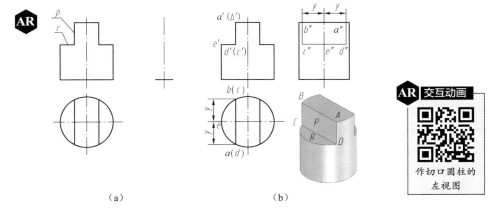

（a）　　　　　　　　　　（b）

图 4-17　作切口圆柱的左视图

（1）分析。

① 如图 4-17（b）所示，圆柱被侧平面 P 和水平面 R 左、右对称地切去两部分。

② 侧平面 P 与圆柱面的截交线为平行于圆柱轴线的线段。

③ 水平面 R 与圆柱面的截交线为圆弧。

④ 已知截交线的正面投影和水平投影，需求其侧面投影。

（2）作图。

① 作平面 P 的交线。

- 如图 4-17（b）所示，平面 P 与圆柱面的截交线为铅垂线 AD、BC，与平面 R 的截交线为正垂线 CD，与圆柱顶面的交线为正垂线 AB，由它们组成的矩形 $ABCD$ 为侧平面。
- 由矩形 $ABCD$ 的正面投影 $a'(b')(c')d'$ 及水平投影 $ab(c)(d)$，求其侧面投影 $a''b''c''d''$。其中，线段 $a''b''$ 和 $c''d''$ 之间的宽度可以从俯视图中量取。

② 作平面 R 的交线。

如图 4-17（b）所示，平面 R 与圆柱面的截交线为圆弧，它与正垂线 CD 形成一个水平面。其正面投影积聚成线段（c'）$e'd'$，水平投影反映该面实形，侧面投影积聚成线段 $c''e''d''$。

③ 整理左视图的轮廓线，并判断可见性。

形成切口时，截平面没有通过圆柱轴线，因此圆柱左视方向轮廓线的侧面投影仍应完整画出，并且线段 $c''e''d''$ 也不应与圆柱轮廓线的投影相交，左视图中的图线均可见。

【例 4-8】 如图 4-18（a）所示，圆柱被正平面 P 和侧垂面 Q 所截切，已知俯视图和左视图，求作主视图。

分析：截平面 P 与圆柱的轴线平行，与圆柱的交线为两条平行直线，其侧面投影积聚在 p'' 上，水平投影积聚在圆上；截平面 Q 与圆柱的轴线倾斜，交线为椭圆弧，其侧面投影积聚在 q'' 上，水平投影积聚在圆上。分别求出两截平面与圆柱体的截交线及两截平面的交线，作图过程如图 4-18（b）所示。

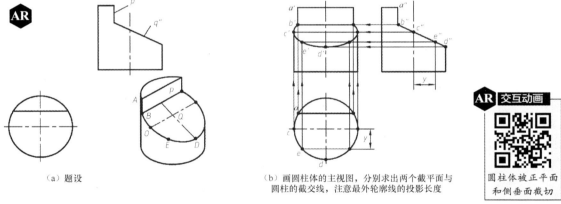

（a）题设 （b）画圆柱体的主视图，分别求出两个截平面与圆柱的截交线，注意最外轮廓线的投影长度

图 4-18　圆柱体被正平面和侧垂面截切

【例 4-9】 如图 4-19 所示，已知球体被正垂面斜截后截交线的正面投影，求其余两个投影。

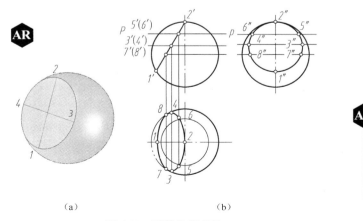

（a） （b）

图 4-19　球体的截交线

（1）分析。

① 球体被正垂面所截，其截交线为圆。

② 该圆的正面投影积聚为线段，并反映直径的实长。

③ 截交线的水平投影及侧面投影不反映实形，都为椭圆，如图 4-19（b）所示。

（2）作图。

① 求出特殊位置点。

微课

- 长轴的水平投影为 34，长轴的侧面投影为 $3''4''$，其长度等于截交线圆的直径。

- 短轴 $1'2'$ 的水平投影 12 和侧面投影 $1''2''$ 可以根据正面投影 $1'2'$ 求出。

② 求出球面水平投影轮廓线上的点。由 $7'$（$8'$）求出 7、8 和 $7''$、$8''$。

③ 利用辅助平面法求出一般位置点。作辅助平面 P，由正面投影点 $5'$（$6'$）求出 5、6 和 $5''$、$6''$。

绘制切槽半球的
三视图

④ 将各点的相应投影依次平滑连接，即得截交线的水平投影和侧面投影。

任务三　绘制相贯线

【知识准备】

一、相贯体

观察三通管，如图 4-20（a）所示，分析两个圆柱交线的形状，理解相贯线的概念。

两个基本体相交称为相贯，得到的几何结构称为相贯体，其相贯表面的交线称为相贯线，如图 4-20（b）所示。

相贯线

（a）模型　　　　　　　　（b）零件表面的相贯线

图 4-20　三通管

二、相贯线的画法

微课

1. 绘制相贯线的方法

相贯线是两相交基本体表面的共有线，是一系列共有点的集合。因此，求相贯线的投影就是求相贯线上一系列共有点的投影，并用平滑曲线依次连接各点。

两圆柱相贯线画法

2. 相贯线的简化画法

工程设计中，在不引起误解的情况下，相贯线可以采用以下简化画法。

（1）当正交的两个圆柱的直径相差较大时，其相贯线投影可以用圆弧近似代替，如图 4-21（a）所示。当两个圆柱的直径相差很大时，相贯线投影可用直线代替，如图 4-21（b）所示。

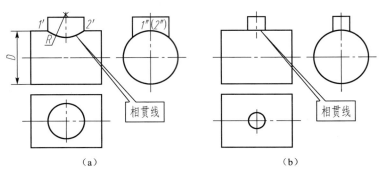

图 4-21　正交圆柱相贯线的简化画法

（2）三通管上相贯线的投影可以用大圆柱半径 $D/2$ 和大圆孔半径 $D_1/2$ 作圆弧代替。图 4-22 所示为小圆孔与圆柱相贯。

3. 同轴回转体相贯

同轴回转体由同轴线的两个回转体相贯形成，其相贯线是垂直于回转体轴线的圆。当其轴线平行于投影面时，圆在该投影面上的投影为垂直于轴线的直线，如图 4-23 所示。

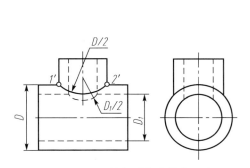

图 4-22　三通管相贯线的简化画法

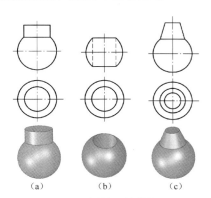

图 4-23　同轴回转体相贯

【任务实施】

【例 4-10】　补画图 4-24 所示物体交线的投影。

分析：图 4-24（a）所示的相贯线由正四棱柱的 4 个侧棱面与圆柱体相交而成。正四棱柱的前后两个棱面与圆柱体轴线平行，截交线为两条平行直线；左右两个棱面与轴线垂直，截交线为两段圆弧。相贯线的侧面投影积聚在圆弧上，水平投影则积聚在矩形 $abcd$ 上，因此根据投影规律只需求出相贯线的正面投影。

图 4-24（b）所示为带方孔的正四棱柱与圆筒相交，除了应画出正四棱柱与圆筒外表面交线的投影，还需画出方孔的 4 个平面与圆筒内外表面交线的投影，比较一下圆筒上下部分交线的投影，注意可见性判断。

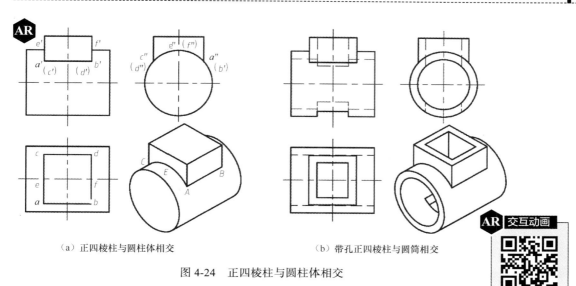

（a）正四棱柱与圆柱体相交　　　　　　　（b）带孔正四棱柱与圆筒相交

图 4-24　正四棱柱与圆柱体相交

AR 交互动画

正四棱柱与圆柱
体相交

【例 4-11】　作图 4-25 所示正交两圆柱的相贯线。

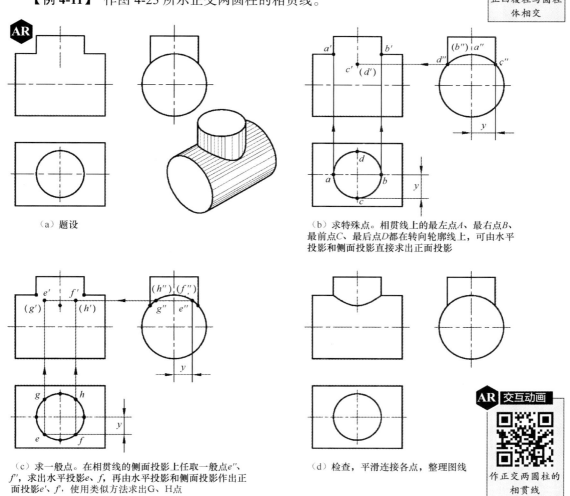

（a）题设

（b）求特殊点。相贯线上的最左点A、最右点B、最前点C、最后点D都在转向轮廓线上，可由水平投影和侧面投影直接求出正面投影

（c）求一般点。在相贯线的侧面投影上任取一般点e″、f″，求出水平投影e、f，再由水平投影和侧面投影作出正面投影e′、f′，使用类似方法求出G、H点

（d）检查，平滑连接各点，整理图线

AR 交互动画

作正交两圆柱的
相贯线

图 4-25　作正交两圆柱的相贯线

（1）分析。

① 小圆柱轴线为铅垂线，所以小圆柱的水平面积聚成圆，相贯线的水平投影也重合在这个圆上。

② 大圆柱的轴线为侧垂线，所以大圆柱面的侧面投影积聚成圆，相贯线的侧面投影为重合于该圆上的一段圆弧（在小圆柱投影范围内的一段）。

③ 已知相贯线的水平投影和侧面投影，即可按投影关系求其正面投影。

（2）作图。

① 求特殊点。

- 如图 4-25（b）所示，A、B 点是相贯线上的最左点、最右点，位于两圆柱主视方向轮廓素线的交点上。
- C、D 点是相贯线上的最前点、最后点，也是最低点，位于小圆柱左视方向的轮廓素线上。
- 根据它们的水平投影 a、b、c、d 和侧面投影 a''、(b'')、c''、d''，可求得其正面投影 a'、b'、c'、(d')。

② 求一般点。

- 任取 E、F 两点。
- 在相贯线已知的水平投影上定出两点的水平投影 e、f。
- 求得侧面投影 e''、f''。
- 按投影关系求得其正面投影 e'、f'。

③ 平滑连接各点并判断可见性。将主视图上求得的点依次平滑连接，即可得所求相贯线的正面投影。由于两圆柱正交时的相贯线前后、左右对称，因此，主视图中前半部分相贯线的投影可见，后半部分相贯线不可见，且投影与前半部分重合。

图 4-26 所示为两圆柱面相交的 3 种形式。

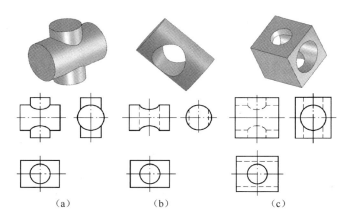

图 4-26　两圆柱面相交的 3 种形式

【例 4-12】　如图 4-27（a）所示，已知物体的俯视图和左视图，求作主视图。

分析：由立体图可知该物体为圆筒和半圆筒正交，其外表面为等直径的两圆柱面相交，相贯线为椭圆，正面投影为两条相交直线，内表面为不等直径的两圆柱面相交，相贯线为空间曲线，正面投影为两条曲线。作图方法如图 4-27（b）所示。

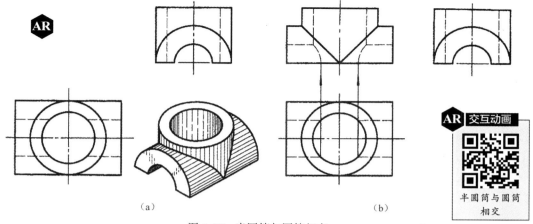

图 4-27　半圆筒与圆筒相交

综合案例 1——相贯线的简化画法

综合案例 2——绘制组合相贯线

综合案例 3——绘制截交线

任务四　识读组合体三视图

【知识准备】

一、画组合体的三视图

以轴承座为例，如图 4-28 所示，说明绘制组合体三视图的方法和步骤。

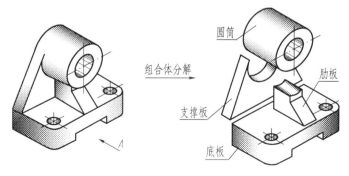

图 4-28　轴承座形体分析

1. 形体分析

画组合体的三视图时，首先对组合体进行形体分析，在分析的基础上确定其主视图的投影方向。轴承座可以分解为 4 个组成部分：底板、圆筒、支撑板和肋板。支撑板和肋板叠加，位于底板上方，肋板位于支撑板正前面，圆筒和支撑板的左、右侧面表面相切，肋板与圆筒相交，交线由圆弧和直线组成。

2．确定主视图

选择主视图时，一般应选择反映组合体各组成部分形状和相对位置较为明显的方向作为主视图的投射方向。为使投影能得到实形，便于作图，应使物体主要平面与投影面平行，考虑组合体的自然安放位置，并要兼顾其他两个视图表达的清晰性。在轴承座中，将箭头 A 所指的方向作为主视图的投射方向比较合理。主视图选定后，俯视图和左视图也随之而定。

3．选比例、定图幅

视图确定后，应根据机件实物的大小和复杂程度，按要求选择比例和图幅。在表达清晰的前提下，尽可能选用1∶1的比例。图幅的大小应考虑视图所占的面积、图距、标注尺寸的位置及标题栏的尺寸和位置。

4．画图

具体步骤如图 4-29 所示。为了正确、迅速地画出组合体的三视图，可按以下顺序进行。

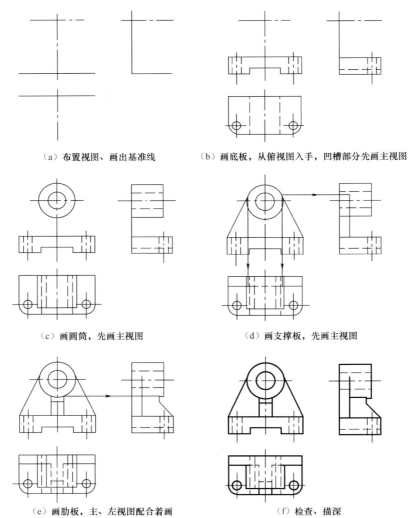

（a）布置视图、画出基准线　　　（b）画底板，从俯视图入手，凹槽部分先画主视图

（c）画圆筒，先画主视图　　　（d）画支撑板，先画主视图

（e）画肋板，主、左视图配合着画　　　（f）检查、描深

图 4-29　组合体画图步骤

（1）布图，画出各个视图的基准线。基准线是指画图时测量尺寸的基准，每个视图都该有两个方向的基准线，如对称中心线、主要回转体的轴线、底面及重要端面的位置线。

（2）逐个画出各个基本形体的三视图。根据基准线的位置，按照投影规律，逐个画出各个基本形体的三视图。应遵循"先大、先主、先特征"的原则，即先画大形体、先画主要部分、先画圆和圆弧、先画可见部分。

（3）检查、描深图线。底稿绘制完成后，应按形体逐个认真检查，尤其应考虑各形体之间的表面连接关系。确定无误后，描深图线。

二、组合体的尺寸标注

视图只能表达组合体的结构和形状，而要表示它的大小，则不但需要标注尺寸，而且必须标注得完整、清晰，并符合国家标准关于尺寸注法的规定。

1. 尺寸种类

为了将尺寸注得完整，在组合体视图上，一般需标注下列几类尺寸。

（1）定形尺寸。定形尺寸指确定组合体各组成部分的长、宽、高 3 个方向的尺寸。

（2）定位尺寸。定位尺寸指确定组合体各组成部分相对位置的尺寸。

（3）总体尺寸。总体尺寸指确定组合体外形的总长、总宽、总高的尺寸。

2. 标注组合体尺寸的方法和步骤

组合体是由一些基本形体按一定的连接关系组合而成的。因此，在标注组合体的尺寸时，仍然运用形体分析法。现以图 4-30（a）所示的轴承座为例，说明组合体的尺寸标注方法。

形体分析：如图 4-30（b）所示，轴承座由 3 个部分组成，轴承座左右对称。它是由长方形底板、长方体和半圆柱组成的立板和三角形肋板叠加后，在立板上挖去一个圆柱，在底板上挖去两个圆柱，再在底板前方用 1/4 圆柱面切去两角而形成的。

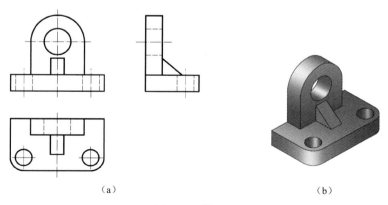

（a）　　　　　　　　　　　　　　　（b）

图 4-30　轴承座

轴承座的尺寸标注步骤如下。

（1）标注定形尺寸。按形体分析法，将组合体分解为若干个基本形体，然后逐个标注出各基本形体的定形尺寸。

如图 4-31（a）所示，要确定立板的大小，应标注高度 20、厚 10、孔径 $\phi16$ 和半径 $R16$（含长度）这 4 个尺寸。底板的大小，应标注长 56、宽 32、高 10 这 3 个尺寸。肋板的大小，应标注长 8、宽 12、高 10 这 3 个尺寸。

（2）标注定位尺寸。标注确定各基本形体之间相对位置的定位尺寸。

标注定位尺寸时，必须选择好尺寸基准。标注尺寸时用以确定尺寸位置所依据的一些面、线或点称为尺寸基准。组合体有长、宽、高 3 个方向的尺寸，每个方向至少有一个尺寸基准，以它来确定基本形体在该方向的相对位置。标注尺寸时，通常以组合体的底面、端面、对称面及回转体轴线等作为尺寸基准。

轴承座的尺寸基准是：以左右对称面为长度方向的基准，以底板和立板的后面作为宽度方向的基准，以底板的底面作为高度方向的基准，如图 4-31（b）所示。

根据尺寸基准，标注各组成部分相对位置的定位尺寸，如图 4-31（c）所示。立板与底板的相对位置需标注轴承孔轴线距底板底面的高度 30，底板上两个 ϕ10 孔的相对位置应标注长度方向定位尺寸 40 和宽度方向定位尺寸 24 这两个尺寸。

（3）标注总体尺寸。如图 4-31（d）所示，底板的长度 56 即轴承座的总长，底板的宽度 32 即轴承座的总宽，总高由立板轴承孔轴线高 30 加上立板上方圆弧半径 R16 决定，3 个总体尺寸已注全。

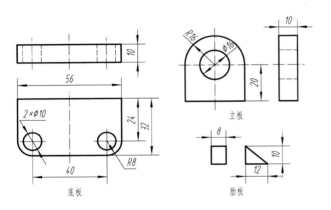

（a）标注各组成部分的尺寸

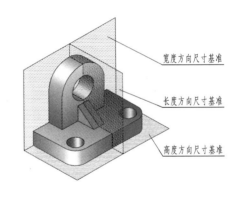

（b）轴承座的尺寸基准

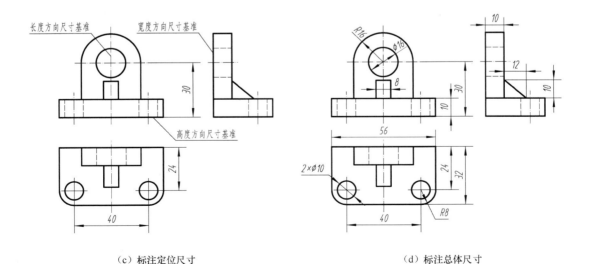

（c）标注定位尺寸

（d）标注总体尺寸

图 4-31　轴承座的尺寸标注

提示　　当组合体的一端〔见图 4-31（d）〕或两端为回转面时，不能直接标出总高尺寸，否则会出现尺寸标注重复，也不便于尺寸测量。

3．标注尺寸时应注意的问题

尺寸标注除要求完整、正确之外，还要求标得清晰、明显，以方便看图。为此，标注尺寸时应注意以下事项。

（1）所注尺寸必须完整、清晰，不多也不少。要达到完整的要求，需分析组合体的结构，明确各组成部分之间的相对位置，然后逐一标注出定形尺寸和定位尺寸。标注时要从长、宽、高 3 个方向考虑。尺寸校对时，也应从这 3 个方向检查尺寸是否齐全。

（2）尺寸尽量标注在反映形状特征的视图中。图 4-31（d）中底板的长度 56 和宽度 32 标注在俯视图中比标注在主视图、左视图中的效果要好。肋板的定形尺寸 10、12 标注在左视图中，比标注在主视图、俯视图中的效果要好。

（3）尺寸标注要相对集中。每个基本几何体的定形尺寸和定位尺寸尽量标注在一两个视图上。如图 4-31（d）所示，长度方向的尺寸尽量标注在主视图和俯视图之间，高度方向的尺寸尽量标注在主视图和左视图之间，宽度方向的尺寸尽量标注在俯视图右边或左视图下面。

（4）尽量避免在虚线处标注尺寸。图 4-31（d）中的立板轴承孔 $\phi16$、两圆柱孔 $2\times\phi10$ 都标注在实线处。

4．组合体常见结构的尺寸注法

表 4-2 列出了组合体常见结构的尺寸注法，供读者标注尺寸时参考。

表 4-2　　　　　　　　　　组合体常见结构的尺寸注法

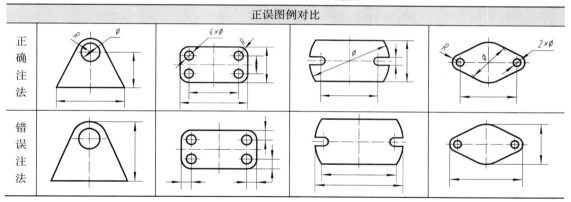

正误图例对比			
正确注法			
错误注法			

微课

组合体的尺寸标注
要点

微课

组合体尺寸标注
案例

三、组合体读图的基本要领

1．几个视图联系起来看

通常一个视图不能确定物体的形状，如图 4-32（a）所示。有时即使只看两个视图，也无法确定物体的形状，如图 4-32（b）所示，主视图、俯视图两个视图完全相同，但它们却是形状不同的物体。

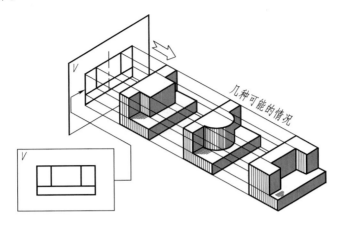

（a）一个视图不能确切地表示物体的形状

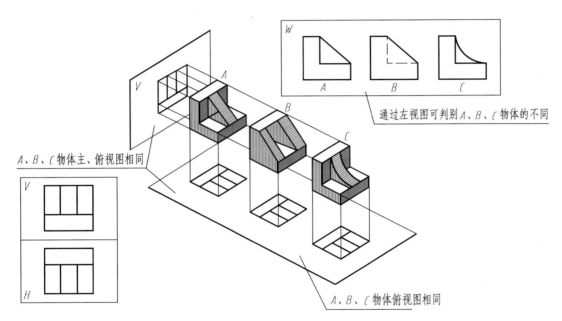

（b）两个视图不能确切地表示物体的形状

图 4-32　把几个视图联系起来看

2. 明确视图中线框的含义

（1）视图上每个封闭线框，一般代表物体上一个表面的投影，它可能是平面、曲面、通孔、组合面（平面与曲面相切或曲面与曲面相切）等。如图 4-33 所示，主视图中的封闭线框 a'、b'、c'表示平面，封闭线框 e'表示曲面（圆孔），俯视图中的 f 表示平面与圆柱相切的组合面。

（2）视图中相邻的封闭线框可能是相交的两个面的投影，也可能是不相交的两个面的投影。判断这些线框所表示的面的相对位置关系，可以通过其他视图的对应投影加以判断。如图 4-33（a）所示，主视图中的封闭线框 a'、b' 相邻，它们是相交的两个面的投影，而封闭线框 h'、b' 相邻，它们是不相交的两个面的投影，且 b' 在 h' 的下前方。

（3）视图中一个大封闭线框内包含的各个小线框，表示在大平面立体（或曲面立体）上含有凸出或凹进的小平面立体（或曲面立体）。在图 4-33（a）所示的俯视图中，线框 d 包含 f、e 两个线框，从主视图和立体图中可以看出，在底板上立着一个带孔的立板。

3．明确视图中图线的含义

视图中的图线可能具有以下含义。

（1）平面或曲面的积聚性投影。图 4-33（a）所示俯视图中的线段 a、b、c、h 分别为平面在 H 面的积聚性投影。

（2）面与面的交线投影。图 4-33（a）所示主视图中的线段 g'、d' 分别为平面在 V 面的面与面的交线投影。

（3）转向轮廓素线的投影。图 4-33（a）所示俯视图中的虚线段 1 表示圆柱孔在 H 面上的最左轮廓素线和最右轮廓素线的投影。

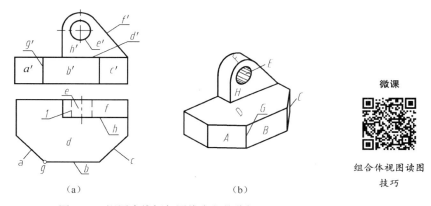

微课

组合体视图读图
技巧

图 4-33　视图中线框与图线含义的分析

四、组合体读图的方法和步骤

1．形体分析法

形体分析法是读图的主要方法。运用形体分析法读图，关键在于掌握分解复杂图形的方法。只有将复杂的图形分解为简单图形，才能通过对简单图形的识读达到读懂复杂图形的目的。

要准确地画出组合体的三视图，首先应对组合体进行仔细的观察，下面以图 4-34 所示轴承座为例，说明用形体分析法画图的方法和步骤。

（1）由形状特征视图想象各立体的实际形状。物体在 3 个投影中至少有一个视图能反映其实际形状，该视图就是形状特征视图。如图 4-35（a）所示，只看主视图、左视图只能判断出该形体大致是一个长方体，如果将主视图、俯视图结合起来看，即使没有左视图，也能想象出它的形状。因此，俯视图是该形体的形状特征视图。用同样的方法进行分析，图 4-35（b）中的主视图、图 4-35（c）中的左视图分别是立体的形状特征视图。

（2）由位置特征视图想象各立体的相对位置。物体在 3 个投影中至少有一个视图能反映其位置关系，该视图就是位置特征视图。如图 4-36（a）所示，如果仅看主视图、俯视图是不能确定形体 I 和 II 哪个是凸出的，哪个是凹进的。如果将主视图、左视图结合起来看，显然，形体 I 凸出，形体 II 凹进，因此左视图是反映该形体位置特征最明显的视图，主视图为形状特征视图。

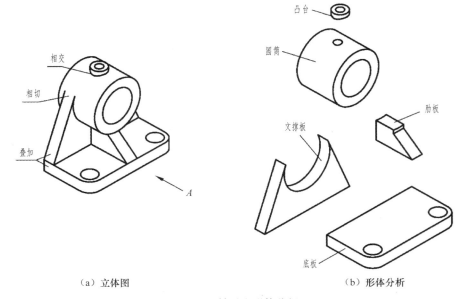

（a）立体图　　　　　　　　　　　　（b）形体分析

图 4-34　轴承座形体分析

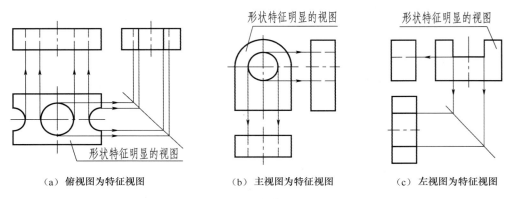

（a）俯视图为特征视图　　　　（b）主视图为特征视图　　　　（c）左视图为特征视图

图 4-35　形状特征视图

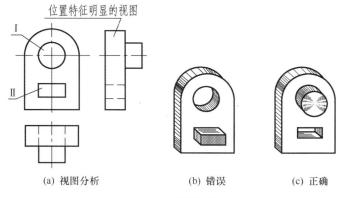

（a）视图分析　　　　　　（b）错误　　　　　　（c）正确

图 4-36　位置特征视图

（3）投影分析想象形状，综合起来想象整体。按形体分析法把组合体分解为若干个基本体，从体现每部分特征的视图出发，依据"长对正、高平齐、宽相等"的投影规律在其他视图中找出尺寸对应关系，经过分析想象出每部分的形状，然后通过分析三视图中各形体之间的相对位置、组合形式、表面连接关系等综合想象出组合体的空间形状。

微课

形体分析法读图
原理

微课

形体分析法读图
案例

2. 线面分析法

线面分析法是形体分析法的补充，是当在三视图中不易划分封闭线框时采用的一种方法。这里不做叙述，只给出图 4-37 所示的图例，由读者自行分析。

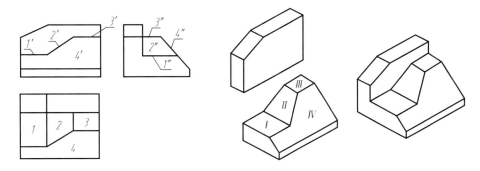

图 4-37　线面分析法图例

微课

线面分析法读图
原理

微课

线面分析法读图
案例

【任务实施】

在读图练习中，常要求补画视图中所缺的图线或由给出的两个视图补画出第三视图。这是培养和检验读图能力的一种有效方法。

【例 4-13】　看懂主视图、俯视图，补画出左视图，如图 4-38 所示。

首先对主视图、俯视图进行形体分析。划分封闭线框，将其分为 4 个部分，如图 4-38（a）所示。根据投影分析线框 1′，构思出立体形状，其上部是半个圆柱体加四棱柱，底部为四棱柱左右带半圆柱形状的槽；再分析线框 2′，构思出立体形状，经对投影分析，线框 2′是从线框 1′中挖出的半个圆柱体加四棱柱；线框 3′、4′经投影分析均为从线框 1′中挖出的圆柱孔。经以上分析，主视图、俯视图是组合体的形状及位置特征视图。根据"高平齐、宽相等"的尺寸对应关系，补画出左视图，如图 4-38（f）所示。

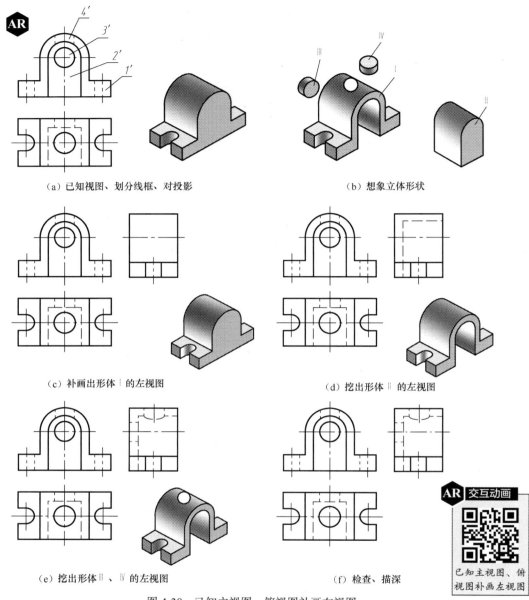

（a）已知视图、划分线框、对投影

（b）想象立体形状

（c）补画出形体Ⅰ的左视图

（d）挖出形体Ⅱ的左视图

（e）挖出形体Ⅲ、Ⅳ的左视图

（f）检查、描深

AR 交互动画

已知主视图、俯视图补画左视图

图 4-38　已知主视图、俯视图补画左视图

【例 4-14】　看懂图 4-39（a）所示底座的三视图。

看图步骤如下。

① 抓住特征分部分。通过形体分析可知，主视图较明显地反映出形体Ⅰ、Ⅱ、Ⅲ的特征，据此，该底座可大体分为 3 个部分，如图 4-39（a）所示。

② 对投影想象形状。依据"三等"关系，分别在其他两个视图上找出对应投影，并想象出它们的形状，如图 4-39（b）～图 4-39（d）中的轴测图所示。

③ 综合起来想象整体。长方体Ⅰ在底板Ⅲ的上面，两形体的对称面重合且后面靠齐；侧板Ⅱ在长方体Ⅰ、底板Ⅲ的左、右两侧，且与其相接，后面靠齐。综合想象出物体的整体形状，如图 4-40 所示。

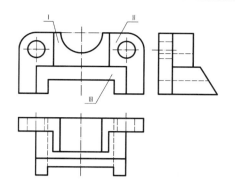

（a）将底座大体分为3个部分

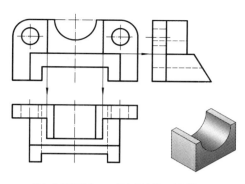

（b）Ⅰ的形状为：一长方体挖掉一半圆柱

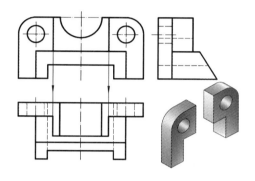

（c）Ⅱ的形状为：带圆角和圆孔且形状对称的两块平板

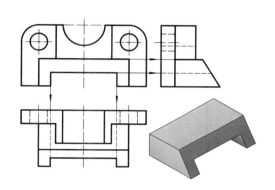

（d）Ⅲ的形状为：带斜面四棱柱、下方开一通槽

图 4-39　底座的看图方法

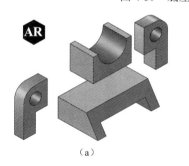

（a）

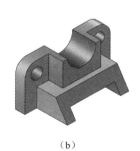

（b）

图 4-40　底座轴测图

【例 4-15】　补画主视图、俯视图中所缺的图线，如图 4-41 所示。

通过对主视图、俯视图的分析，可知该组合体的整体形状为一梯形四棱柱，左右对称分布着两个带有圆孔的耳板。由左视图可知，在四棱柱上方从左至右开一直角梯形槽，综合想象出主体形状，如图 4-41（b）所示。

补画所缺图线如下。

① 四棱锥台前面和耳板前面不平齐，应补画出主视图所缺的四棱锥台左、右侧面具有积聚性的投影，即两段斜线。补画出俯视图漏画的四棱锥台顶面的两条棱线的投影，耳板顶面与四棱锥台锥面交线的投影，如图 4-41（c）所示。

② 补画出主视图、俯视图漏画的四棱锥台上梯形槽的投影。画梯形槽结构的俯视图时，先

在左视图上定出点 a''、b''、c''、d''，在主视图上找出 a'、(d')、b'、(c')，再求出其水平投影 a、b、c、d，完成梯形槽俯视图的绘制，如图 4-41（d）所示。

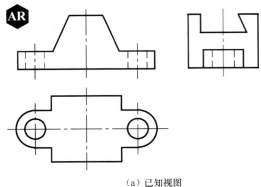

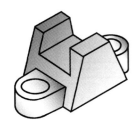

（a）已知视图 　　　　　　　　　　　　　　（b）立体图

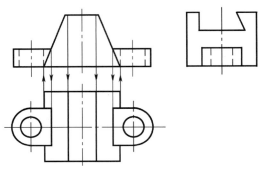

（c）补画四棱锥台的漏线

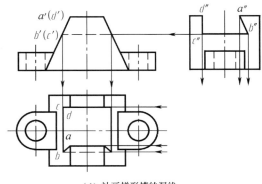

（d）补画梯形槽的漏线

补画主视图、俯视图中所缺的图线

图 4-41　补画主视图、俯视图中所缺的图线

微课 补画三视图案例

微课 轴承座零件的视图
表达方案

微课 滑块零件的视图
表达方案

微课 微课 微课

综合案例1——补
画左视图训练1

综合案例2——补
画左视图训练2

综合案例3——组
合体的读图技巧

【综合实训】

【实训1】　绘制组合体的三视图。

如图 4-42（a）所示，该形体为简单叠加式组合形体，可分解为两个部分，第一部分为长方体底板，其左边被切了一个矩形槽；第二部分为带孔的长圆形的竖板。根据左视图，可确定物体的宽度和高度尺寸，要画出主视图和俯视图，需参看轴测图，并根据所定长度尺寸数值6、29、6，按投影关系完成其主视图和俯视图的绘制。画图时要注意各部分之间的相对位置关系及孔的画法，画图步骤如图 4-42（b）和图 4-42（c）所示。

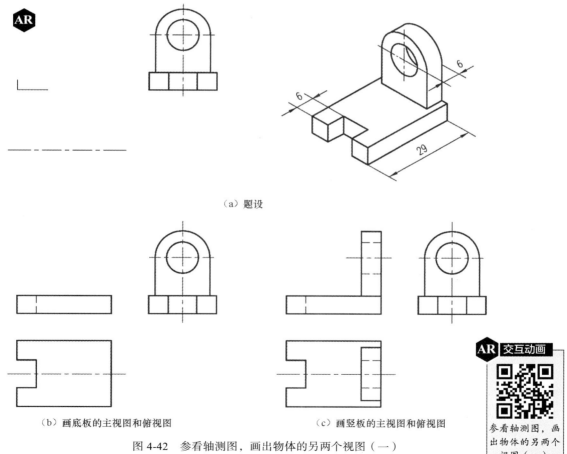

（a）题设

（b）画底板的主视图和俯视图　　（c）画竖板的主视图和俯视图

AR 交互动画

参看轴测图，画
出物体的另两个
视图（一）

图 4-42　参看轴测图，画出物体的另两个视图（一）

【实训2】 根据轴测图绘制组合体的三视图。

如图 4-43（a）所示，该形体为简单叠加式组合形体，可分解为两个部分，第一部分为长方体底板，其左面和下面分别切了一个矩形槽；第二部分为长方体竖板。根据主视图，可确定物体的长度和高度尺寸，要画出俯视图和左视图，需参看轴测图，并根据所定尺寸 14 和 5，完成其投影的绘制。注意，当粗实线与虚线投影重合时，画粗实线，画图步骤如图 4-43（b）和图 4-43（c）所示。

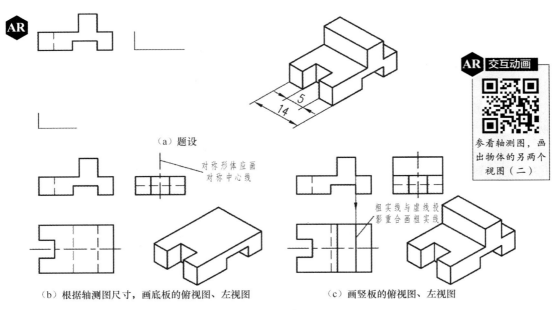

（a）题设

对称形体应画
对称中心线

粗实线与虚线投影重合画粗实线

（b）根据轴测图尺寸，画底板的俯视图、左视图   （c）画竖板的俯视图、左视图

图 4-43　参看轴测图，画出物体的另两个视图（二）

【项目小结】

本项目是全书的重点。组合体画图和读图是培养形体想象能力的重要环节，形体分析法、线面分析法是画图、读图的重要方法。掌握这些方法可为后续识读和绘制零件图、装配图打下坚实基础。

绘制组合体的三视图时，应首先进行形体分析，然后按照正确的绘图步骤完成组合体三视图的绘制；标注组合体的尺寸时，也应先进行形体分析，选择尺寸基准，然后依次标注定形尺寸、定位尺寸及总体尺寸，所标注尺寸应正确、完整、清晰。在进行组合体视图的识读时，要充分利用投影规律，熟练运用形体分析法，必要时还可采用线面分析法来分析视图中难以读懂的图线与线框，两种分析法应有机地结合使用。

【思考题】

1. 组合体的组合形式有哪几种？组合体中各基本体表面间的连接关系有哪些？它们的画法各有什么特点？
2. 截交线是什么？截交线具有哪些性质？
3. 圆柱被截平面切割产生的截交线形状有哪几种？
4. 画组合体的三视图时应如何确定其主视图？
5. 组合体的尺寸标注有哪些基本要求？怎样才能满足这些要求？

【综合演练】

如图 4-44 和图 4-45 所示，根据已知条件，补画第三视图。

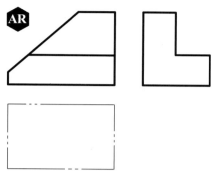

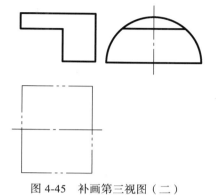

图 4-44　补画第三视图（一）　　　　　　　　图 4-45　补画第三视图（二）

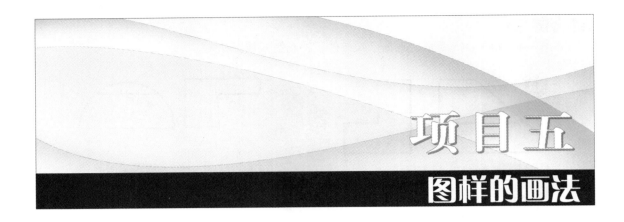

项目五

图样的画法

【项目导读】

对于复杂零件，只采用三视图能够将其形状全部表达清楚吗？在机械图样中是否还有其他的表达方法？

对图 5-1 所示减速器箱盖模型的各个细节和图 5-2 所示零件的复杂内腔结构，表达它们的难点在什么地方？该如何把这些结构表达得清楚、准确呢？

图 5-1　减速器箱盖模型

图 5-2　零件的复杂内腔结构

视图与剖视图是机件的基本表达方法。其中视图是在三视图基础上的扩展，它包含基本视图、向视图、斜视图和局部视图。而剖视图（如全剖视图、半剖视图、局部剖视图）又是在视图的基础上，对有内部结构的机件的表达方法。学会这些表达方法对进一步学习机械图至关重要。

【学习目标】

- 掌握视图的概念、分类、画法和标注。
- 掌握各种剖视图的画法和标注。
- 掌握断面图的分类、画法和标注。
- 明确局部放大图和各种简化画法的用途。

【素质目标】

- 掌握整体和局部的相对关系。
- 培养绘制规范、标准图样的能力。

任务一　掌握视图及剖视图的画法

【知识准备】

一、基本视图

视图是机件向投影面投射所得到的图形，主要用于表达机件的外部形状，一般只画机件的可见部分，必要时才画出其不可见部分。常用的视图有基本视图、向视图、斜视图和局部视图。

机件向基本投影面投射所得到的视图称为基本视图。

1.　六面视图的形成

如图 5-3 所示，基本视图主要包括以下视图。

- 主视图（从前向后投影）。
- 俯视图（从上向下投影）。
- 左视图（从左向右投影）。
- 右视图（从右向左投影）。
- 仰视图（从下向上投影）。
- 后视图（从后向前投影）。

2.　6 个基本投影面的展开

在原来的 3 个基本投影面（V 面、H 面、W 面）的基础上，再增加 3 个互相垂直的投影面，构成一个六面体，将机件置于其中，然后

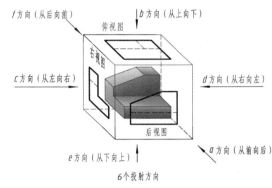

图 5-3　基本视图的六面投影箱

向各基本投影面投射，所得到的 6 个视图称为基本视图。前面已经介绍了 3 个基本视图（主视图、俯视图、左视图），新增加的 3 个基本视图是从右向左投射得到的右视图、从下向上投射得到的仰视图、从后向前投射得到的后视图。将各投影面按图 5-4 所示的方法展开。

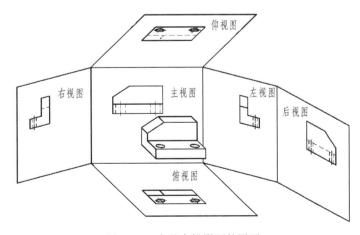

图 5-4　6 个基本投影面的展开

3. 六面视图的投影规律

6个基本视图之间也具有"长对正、高平齐、宽相等"的投影关系，如图5-5所示。

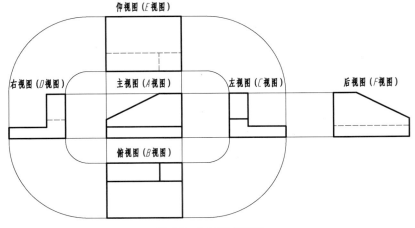

图5-5　6个基本视图

（1）主视图、俯视图和仰视图长对正（后视图同样反映零件的长度尺寸，但不与上述三视图对正）。

（2）主视图与左视图、右视图和后视图高平齐，左视图、右视图与俯视图、仰视图宽相等。

（3）主视图与后视图、左视图与右视图、俯视图与仰视图还应该轮廓对称。

二、向视图、斜视图和局部视图

在基本视图不能完全表达或不方便表达机件的外部结构时，还可以用向视图、斜视图和局部视图来表达。

1. 向视图

向视图是可以自由配置的基本视图。

在实际绘图过程中，有时难以将6个基本视图按图5-5所示的形式配置，此时如果采用向视图的形式配置，即可解决问题。如图5-6所示，在向视图的上方标注"×"（×为大写拉丁字母，即基本视图 A、B、C、D、E、F 中的某一个），在相应的视图附近用箭头指明投射方向，并标注相同的字母。

微课

基本视图的形成
原理

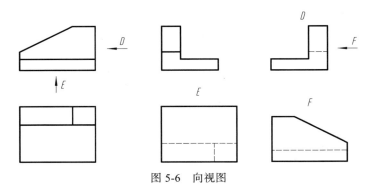

图5-6　向视图

向视图是基本视图的另一种表达形式。向视图与基本视图的主要区别在于视图的配置形式不同。

2. 斜视图

将物体向不平行于基本投影面的平面投射所得的视图，称为斜视图。

当物体上有倾斜结构时，将物体的倾斜部分向新设立的投影面（与物体上倾斜部分平行，且垂直于一个基本投影面的平面）上投射，便可得到倾斜部分的实形，如图 5-7 所示。

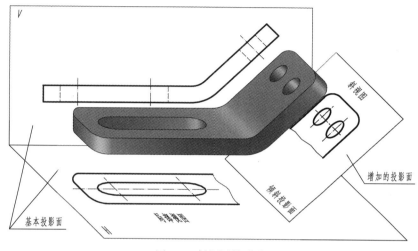

图 5-7　斜视图的形成

3. 局部视图

将物体的某一部分向基本投影面投射所得的视图，称为局部视图。

如图 5-8（a）、图 5-8（b）所示，物体左侧的凸台在主视图、俯视图中未表达清楚，若画出完整的左视图，则大部分图形重复，如图 5-8（d）所示，这时可用 "A" 向局部视图表示。局部视图可按向视图的配置形式配置并标注，局部视图的断裂边界通常以波浪线（或双折线）表示，如图 5-8（c）所示。

微课

向视图的形成原理
及案例

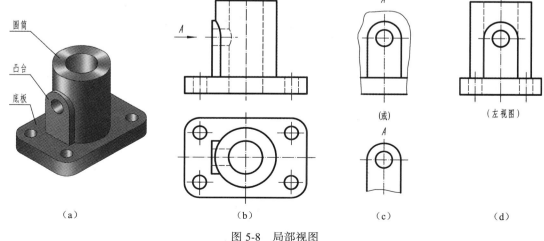

（a）　　　　　（b）　　　　　（c）　　　　　（d）

图 5-8　局部视图

为了节省绘图时间和图幅，对称物体的视图也可按局部视图绘制，即只画一半或四分之一，并在对称线的两端画出对称符号（两条与对称线垂直的平行细实线），如图 5-9 所示。

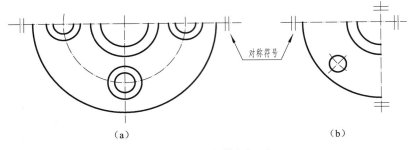

图 5-9　对称物体的视图

斜视图通常按向视图的配置形式配置并标注，如图 5-10（a）所示。必要时，可以将斜视图旋转配置。此时表示该视图名称的大写拉丁字母应靠近旋转符号的箭头端，如图 5-10（b）所示。旋转符号的方向应与实际旋转方向一致。旋转符号的半径应等于字体高度 h。

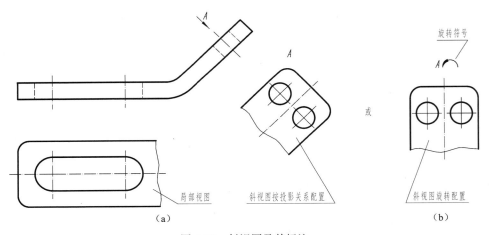

图 5-10　斜视图及其标注

斜视图一般只画出倾斜部分的局部形状，其断裂边界用波浪线表示。

微课

斜视图的形成

三、剖视图的基本表达方法

假想用剖切面剖开物体，将处在观察者和剖切面之间的部分移去，而将其余部分向投影面投射所得的图形，称为剖视图，简称剖视，如图 5-11（a）所示。

如图 5-11（b）所示，将视图与剖视图相比较可以看出，由于主视图采用了剖视图的画法，原来不可见的孔成为可见的，视图上的细虚线在剖视图中变成了实线，再加上在剖面区域内画出了规定的剖面符号，使图形层次分明，更加清晰。

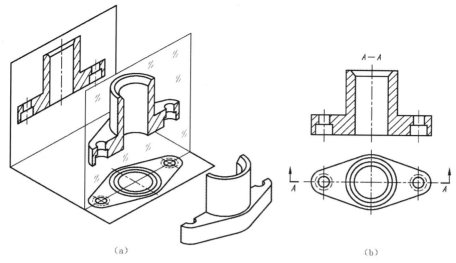

（a） （b）

图 5-11　剖视图的形成

1. 剖视图的画法

剖切平面与机件接触的部分称为剖面。

剖面是剖切平面与机件接触的部分，是剖切平面与机件相交所得到的交线所围成的图形，如图 5-12 所示。

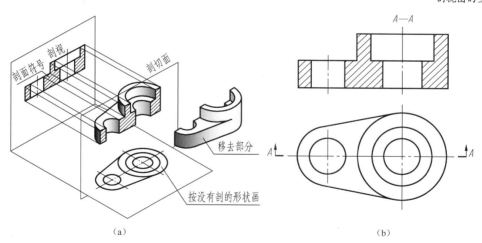

（a） （b）

图 5-12　剖视图的画法

为了区分被剖到的机件材料，国家标准《机械制图　剖面区域的表示法》（GB/T 4457.5—2013）规定了常用材料的剖面符号的画法，如表 5-1 所示。

表 5-1　　　　　　　　　　　　　　　　常用材料的剖面符号

材　料　名　称	剖　面　符　号	材　料　名　称	剖　面　符　号
金属材料（已有规定剖面符号者除外）		木质胶合板（不分层数）	
线圈绕组元件		玻璃及供观察用的其他透明材料	

续表

材料名称		剖面符号	材料名称	剖面符号
转子、电枢、变压器和电抗器等的叠钢片			液体	
型砂、填砂、粉末冶金、砂轮、陶瓷刀片及硬质合金刀片等			非金属材料（已有规定剖面符号者除外）	
木材	纵断面		混凝土	
	横断面		钢筋混凝土	
格网（筛网、过滤网等）			砖	

剖面符号仅表示材料的类别，材料的名称和代号必须另行注明。

在同一张图样中，同一个机件的所有剖视图的剖面符号应该相同。例如，金属材料的剖面符号一般画成与水平线成45°（可向左倾斜，也可向右倾斜）且间隔均匀的细实线。

2. 剖视图的标注

剖视图标注的主要内容有剖切符号和剖视图名称。

（1）剖切符号。剖切符号是表示剖切面起、止和转折位置及投影方向的符号。

用断开线（粗短线）表示剖切平面的位置，用箭头表示投影方向，即在剖切面起、止和转折位置画粗短线，线宽为 $1\sim1.5d$，线长为 $5\sim10$ mm，并尽可能不与图形轮廓线相交，在两端粗短线的外侧用箭头表示投影方向，并与剖切符号末端垂直。

（2）剖视图名称。在剖视图的上方用大写拉丁字母标注剖视图的名称"×—×"，并在剖切符号的附近标注同样的字母，如图5-12（b）所示。

国家标准规定在以下情况下可以省略或简化标注。

- 单一剖切平面通过机件对称面或基本对称面并且剖视图按投影关系配置、中间又没有其他图形隔开时，可以省略标注。
- 剖视图配置在基本视图位置，而中间又没有其他图形间隔时，可以省略箭头。

3. 注意事项

绘制剖视图应注意以下问题。

（1）因为剖视图是物体被剖切后剩余部分的完整投影，所以剖切面后面的可见轮廓线应全部画出，不得遗漏，如表5-2所示。

表5-2　　　　　　　　　　　剖视图中漏画线的示例

轴测剖视	正确画法	漏线示例

续表

轴 测 剖 视	正 确 画 法	漏 线 示 例

（2）剖切面一般应通过物体的对称面、基本对称面或内部孔、槽的轴线，并与投影面平行 [见图 5-13（c）]。

（3）对剖视图或视图已表达清楚的结构，在剖视图或其他视图上，这部分结构的投影为虚线时，一般不再画虚线，如图 5-13 所示的表达方案中，图 5-13（c）更好。

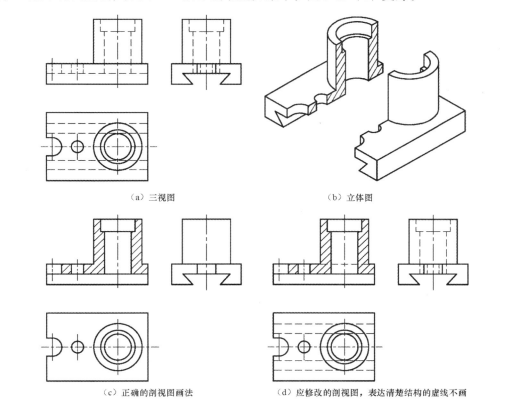

（a）三视图   （b）立体图

（c）正确的剖视图画法   （d）应修改的剖视图，表达清楚结构的虚线不画

图 5-13　剖视图的画法

（4）由于剖视图是一种假想视图，并不是真的将物体切去一部分，因此当物体的一个视图画成剖视图后，应该完整地画出其他视图。如图 5-13（c）中的俯视图，仍应画成完整的。

四、剖视图的种类及画法

在机械图样中，可以使用不同种类的剖视图来表达机件。根据机件被剖切的范围，剖视图可以分为全剖视图、半剖视图和局部剖视图。

1. 全剖视图

用剖切平面完全地剖开机件后，所得到的剖视图称为全剖视图。

全剖视图一般用于不对称的、内部结构较复杂、外形又较简单或外形已在其他视图上表达清楚的机件，主要用于表达机件的内部结构，如图 5-14 所示。

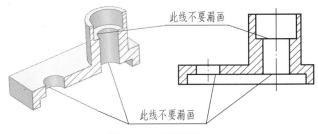

图 5-14　全剖视图

全剖视图应按规定进行标注。当剖视图按基本视图关系配置时，可以省略箭头。当剖切平面通过机件的对称面或基本对称面且剖视图按投影关系配置、中间又无其他视图隔开时，可以省略标注。

微课

全剖视图的画法

2. 半剖视图

机件具有对称结构，以对称中心线为界，一半画视图，另一半画剖视图，这样的视图称为半剖视图。

半剖视图主要用于内外形状都需要表达、结构对称的机件。当机件的形状接近对称且不对称的部分已另有视图表达清楚时，也可以为其绘制半剖视图，如图 5-15 所示。

画半剖视图应注意以下问题。

（1）半剖视图的标注方法与全剖视图的完全相同。当剖切平面未通过机件的对称平面时，必须标出剖切位置和名称。

（2）在半剖视图中，表示机件外部的半个视图和表示机件内部的半个剖视图的分界线是对称中心线，应画成细点画线。

（3）在半剖视图中，不剖的半个视图中表示内部形状的虚线一般不必画出。

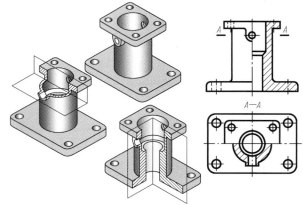

图 5-15　基本对称机件的半剖视图

（4）半剖视图一般画在主视图、俯视图的右半边，俯视图、左视图的前半边，主视图、左视图的上半边。

3. 局部剖视图

用剖切平面局部地剖开物体所得的剖视图称为局部剖视图，如图5-16所示。

（1）局部剖视图的特点。图5-16（a）所示的主视图采用了局部剖视图来表示主体孔的深度，图5-16（b）所示的俯视图采用了局部剖视图来表示凸台及耳板孔的深度，这样既能表达机件的外形，又能反映机件的内部结构。剖视图和视图之间用波浪线作为分界线。

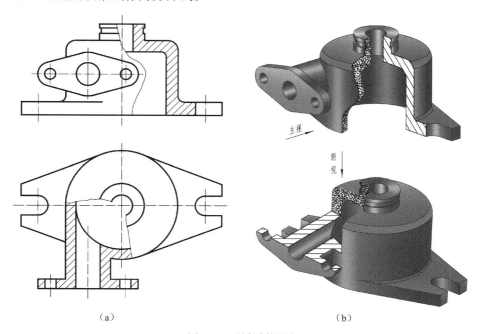

（a）　　　　　　　　　　　　　　（b）

图5-16　局部剖视图

局部剖视图剖切范围可大可小，是一种比较灵活的视图。对于形状不对称的，又要在同一视图中表达内腔和外形的，采用局部剖视图较为合适，如图5-17所示。

（2）画局部剖视图的注意事项。绘制局部剖视图时，要注意以下几点。

① 局部剖切后，机件断裂处的轮廓线用波浪线表示。波浪线不应超出视图的轮廓线，若遇到孔、槽，波浪线必须断开，正误对比如图5-18（a）所示。

② 为了不引起读图误解，波浪线不要与图形中的其他图线重合，也不要画在其他图线的延长线上，正误对比如图5-18（b）所示。

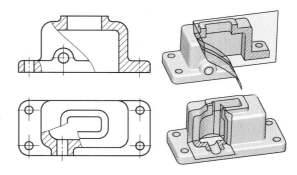

图5-17　局部剖视图的应用

③ 当被剖切物体为回转体时，允许将该物体的对称中心线作为局部剖视图和视图的分界线，如图5-19所示。

④ 图5-20所示的机件虽对称，但由于机件的分界处有轮廓线，因此不宜采用半剖视图，应采用局部剖视图。

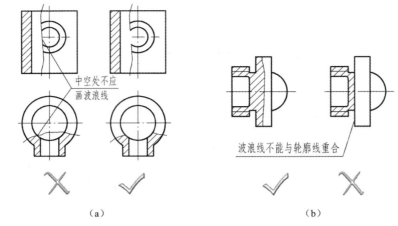

图 5-18　局部剖视图中的波浪线

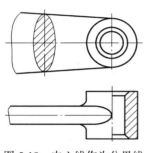

图 5-19　中心线作为分界线

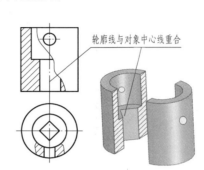

图 5-20　局部剖视图

五、剖切面的种类及画法

在机械图样中，由于机件结构复杂，仅仅使用单一的剖切面剖切机件往往难以表达清楚模型的结构细节，这时就需要灵活选择剖切面的形式和数量。

1. 单一剖切面

前面所讨论的全剖视图、半剖视图和局部剖视图都是用平行于某一基本投影面的剖切面剖切所得出的。在工程实际中，还可以使用与任意基本投影面均不平行的剖切面剖切对象。

微课

局部剖视图的画法
及案例

不平行于任何基本投影面的单一剖切面（基本投影面的垂直面）的适用范围是：当机件具有倾斜部分，同时这部分的内形和外形都需表达时。

选择一个垂直于基本投影面且与所需表达部分平行的投影面，然后用一个平行于这个投影面的剖切平面剖开机件，向这个投影面投影，这样得到的剖视图称为斜剖视图，简称斜剖视，如图 5-21 所示。

用不平行于任何基本投影面的剖切面剖切。如图 5-22（a）所示，当机件上倾斜部分的内部结构需要表达时，与斜剖视图一样，可以先选择一个与该倾斜部分平行的辅助投影面，然后用一个平行于该投影面的剖切面剖切机件，再投射到与之平行的辅助投影面上，如图 5-22（b）所示。剖视图可按投影关系配置，也可在不引起误解的情况下将图形转正，如图 5-22（c）所示的 A—A 剖视图，这时应标注旋转符号，旋转符号的箭头应指明旋转方向，表示该视图名称的字母应靠近旋转符号的箭头端，也允许将旋转角度写在字母后。

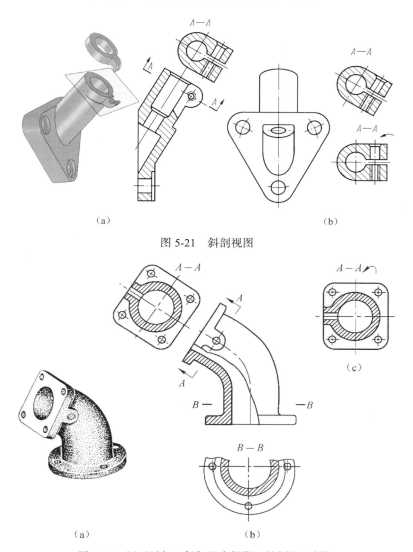

（a）　　　　　　　　　　（b）

图 5-21　斜剖视图

（a）　　　　　　　　　　（b）

图 5-22　用不平行于任何基本投影面的剖切面剖切

2. 相交剖切面

当机件的内部结构用一个剖切平面不能表达完全，且这个机件在整体上又具有回转轴时，可以用两个相交的剖切平面剖开，这种剖切方法称为旋转剖，如图 5-23 所示。

采用旋转剖视图时，首先把由倾斜平面剖开的结构连同有关部分旋转到与选定的基本投影面平行，然后进行投影，使剖视图既反映实形又便于画图。

绘制旋转剖视图时要注意以下几点。

（1）旋转剖视图的标注。标注时，在剖切平面的起、止、转折处画上剖切符号，标上同一个字母，并在起、止处画出箭头表示投影方向，在所画剖视图上方的中间位置用同一个字母写出其名称"×—×"，如图 5-23（b）所示。

（2）在剖切平面后的其他结构一般仍按原来位置投影，如图 5-23（b）所示小油孔的两个投影。

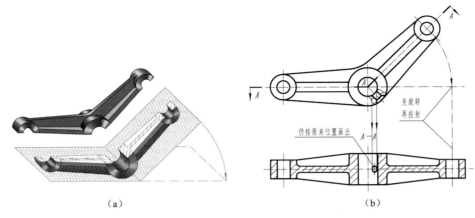

（a）　　　　　　　　　　　（b）

图 5-23　旋转剖视图

（3）剖切后产生不完整要素时，应将该部分按不剖画出，如图 5-24 所示。

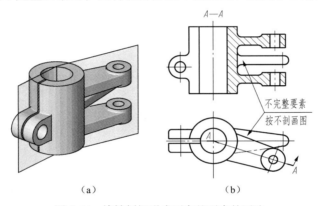

（a）　　　　　　　　　　　（b）

图 5-24　旋转剖切形成不完整要素的画法

3．平行剖切面

当机件上有较多的内部结构，而它们的轴线不在同一平面内时，可以用几个互相平行的剖切平面剖切，这种剖切方法称为阶梯剖，得到的视图称为阶梯剖视图。

图 5-25 所示的机件为用了 3 个平行的剖切平面剖切后画出的 "A—A" 全剖视图。

微课

旋转剖视图的画法
及案例

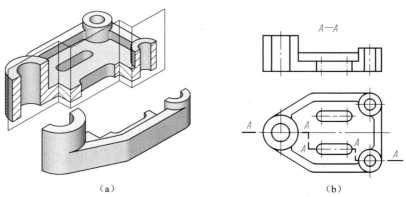

（a）　　　　　　　　　　　（b）

图 5-25　阶梯剖视图的画法

绘制阶梯剖视图时要注意以下几点。

（1）用各剖切平面剖切后所得的剖视图是一个图形，不应在剖视图中画出各剖切平面的界线。

（2）在图形内不应出现不完整的结构要素。

（3）阶梯剖视图的标注与旋转剖视图的标注要求相同。在相互平行的剖切平面转折处的位置不应与视图中的粗实线（或虚线）重合或相交。

（4）当转折处的地方很小时，可以省略字母。

【任务实施】

【**例 5-1**】 以图 5-26 所示的支架为例提出几种表达方案并进行比较。

图 5-26　支架（一）

支架的几种表达方案如表 5-3 所示。

表 5-3 支架的表达方案

方案编号	方案说明	视图
方案一	采用主视图和俯视图，并在俯视图上采用 A—A 全剖视图表达支架的内部结构，十字肋的形状是用虚线表示的	
方案二	采用主视图、俯视图、左视图 3 个视图。主视图上作局部剖视图，表达安装孔；左视图采用全剖视图，表达支架的内部结构；俯视图采用 A—A 全剖视图，表达左端圆锥台内的螺孔与中间大孔的关系及底板的形状。为了清楚地表达十字肋的形状，增加了 1 个 B—B 移出断面图	

续表

方案编号	方案说明	视图
方案三	主视图和左视图采用局部剖视图，使支架上部的内外结构表达得比较清楚；俯视图采用 *B—B* 全剖视图，表达十字肋与底板的相对位置和实形	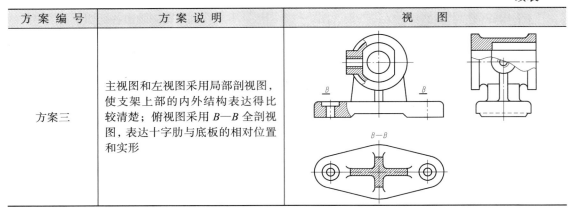

分析：以上 3 个表达方案中，方案一虽然视图数量较少，但是虚线较多，所以图形显得不够清晰，各部分的相对位置也表达得不够明显，给读图带来一定困难，所以方案一不可取。

方案二和方案三都能完整地表达支架的内外部结构，方案二的俯视图、左视图均为全剖视图，能清晰表达支架的内部结构；方案三的主视图、左视图均为局部剖视图，不仅把支架的内部结构表达清楚了，而且保留了部分外部结构，使得外部结构及其相对位置的表达优于方案二。再比较俯视图，两个方案对底板的形状均已表达清楚，但因剖切平面的位置不同，方案二的 *A—A* 剖视图仍在表达支架的内部结构和螺孔；方案三的 *B—B* 剖切的是十字肋，使俯视图突出表现了十字肋与底板的形状及两者的位置关系，从而避免了重复表达支架的内部结构，并省去一个断面图。

综合以上分析，方案三的各视图表达意图清楚，剖切位置选择合理，支架内外形状表达基本完整，层次清晰，图形数量适当，便于作图和读图。因此，方案三是较好的表达方案。

任务二　掌握断面图及其他表达方法

【知识准备】

一、断面图的概念

断面图主要用来表达机件某部分断面的结构。

假想用剖切平面将机件的某处切断，仅画出该剖切面与机件接触部分的图形，该图形称为断面图（简称断面），如图 5-27 所示。

断面图主要用来表达机件某部分剖面的结构，如肋、轮辐、键槽及各种型材的断面。

二、断面图的种类

根据断面图配置位置的不同，断面图分为移出断面图和重合断面图两种。

1. 移出断面图

画在视图之外的断面图，称为移出断面图，简称移出断面。移出断面图的轮廓线用粗实线绘制，如图 5-28 所示。

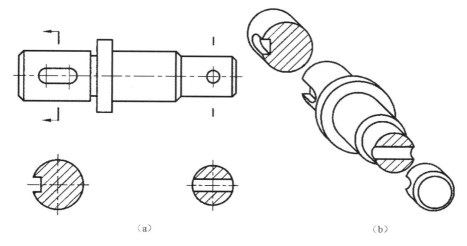

（a）   （b）

图 5-27　断面图

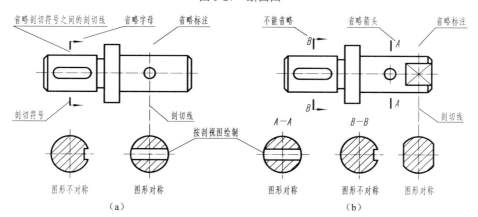

（a）   （b）

图 5-28　移出断面图的配置及标注

（1）画移出断面图的注意事项。

① 移出断面图应尽量配置在剖切符号或剖切线的延长线上，如图 5-28（a）所示；也可以配置在其他适当位置，如图 5-28（b）中的"A—A""B—B"移出断面图。

② 当剖切平面通过回转面形成孔（或凹坑）的轴线时，这些结构按剖视图绘制，如图 5-29 所示。

③ 剖切平面通过非圆孔会导致出现完全分离的两个断面，这些结构要按剖视图绘制，如图 5-30 所示。

④ 断面图的图形对称时，移出断面图可以画在视图的中断处，如图 5-31 所示。当移出断面图由两个或多个相交的剖切平面形成时，断面图的中间应断开，如图 5-32 所示。

（2）移出断面图的标注。移出断面图的标注形式及内容与剖视图的基本相同。根据具体情况，标注可以简化或省略，如图 5-28 所示。

① 对称的移出断面图。画在剖切符号的延长线上时，可以省略标注；画在其他位置时，可以省略箭头。

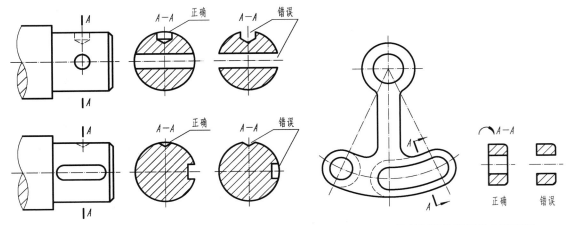

图 5-29　带有孔或凹坑的移出断面图　　　　　图 5-30　按剖视图绘制的移出断面图

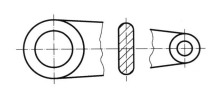

图 5-31　画在视图中断处的移出断面图

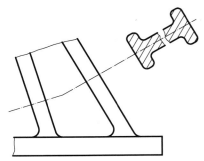

图 5-32　断开的移出断面图

② 不对称的移出断面图。画在剖切符号的延长线上时，可以省略字母；画在其他位置时，要标注剖切符号、箭头和字母（每一项都不能省略）。

2. 重合断面图

画在视图之内的断面图称为重合断面图，简称重合断面。重合断面图的轮廓线用细实线绘制，如图 5-33 所示。

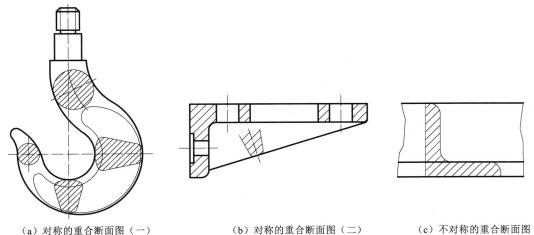

（a）对称的重合断面图（一）　　　（b）对称的重合断面图（二）　　　（c）不对称的重合断面图

图 5-33　重合断面图

画重合断面图应注意以下两点。

（1）重合断面图与视图中的轮廓线重叠时，视图的轮廓线应连续画出，不可间断。

（2）重合断面图省略标注，如图 5-33 所示。

三、局部放大图

实际生产中的机件各式各样，在绘制图样时，不但要准确地表达形体，而且要尽量简洁，以降低绘图和看图的难度。因此，对机件上的某些结构，还可以采用其他的表达方法，如局部放大图和国家标准《技术制图　简化表示法　第 1 部分：图样画法》（GB/T 16675.1—2012）规定的简化画法。

当物体上的细小结构在视图中表达不清楚，或者不便于标注尺寸时，可以采用局部放大图。将图样中表示物体的部分结构用大于原图形的比例所绘出的图形称为局部放大图，如图 5-34 所示。局部放大图的比例指该图形中物体要素的线性尺寸与实际物体相应要素的线性尺寸之比，而与原图形所采用的比例无关。

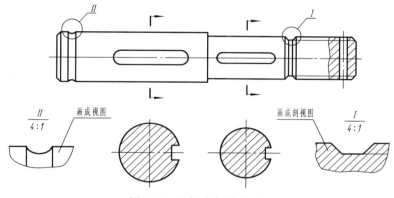

图 5-34　局部放大图（一）

局部放大图可以画成视图、剖视图和断面图，与被放大部分的原表达方式无关。

画局部放大图应注意以下几点。

（1）局部放大图应尽量配置在被放大部位附近，用细实线圈出被放大的部位。当同一物体上有几处被放大的部位时，必须用罗马数字依次标明被放大的部位，并在局部放大图的上方标注相应的罗马数字和所采用的比例，如图 5-34 所示。

（2）当物体上只有一处被放大时，在局部放大图的上方只需注明所采用的比例，如图 5-35（a）所示。

（3）同一物体上不同部位的局部放大图，其图形相同或对称时，只需画出一个，如图 5-35（b）所示。

四、简化画法

简化画法的目的是在表达清楚设计细节的基础上，使用尽量简洁的线条和符号直观明了地标出图样上的结构。

1. 左右手零件的简化画法

对于左右手零件，允许仅画出其中一个零件，另一个零件用文字说明，如图 5-36 所示，其中"LH"表示左件，"RH"表示右件。

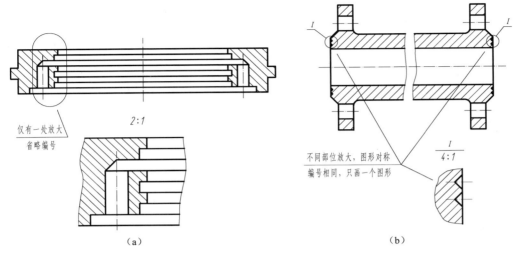

图 5-35 局部放大图（二）

2. 局部放大图的简化画法

在局部放大图表达完整的前提下，允许在原视图中简化被放大部位的图形，如图 5-37 所示。

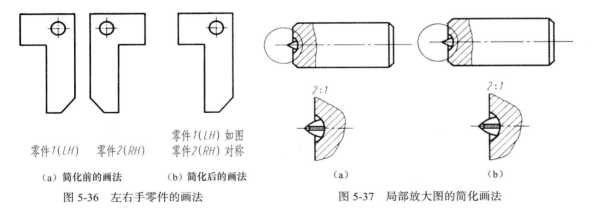

图 5-36 左右手零件的画法　　　　　　图 5-37 局部放大图的简化画法

3. 折断画法

较长的机件（如轴、杆、型材及连杆等）沿长度方向的形状一致或按一定规律变化时，可断开后缩短绘制，断开后的尺寸仍应按实际长度标注，如图 5-38（a）、图 5-38（b）所示。

断裂处的边界线可以用波浪线或双点画线绘制，如图 5-38（a）、图 5-38（b）所示；对于实心和空心圆柱可以按图 5-38（c）所示绘制；较大零件的断裂处可以用双折线绘制，如图 5-38（d）所示。

4. 相同结构的简化画法

当机件具有若干个相同结构（如齿、槽等）并按一定规律分布时，只需画出几个完整的结构，其余用细实线连接，并注明结构的总数，如图 5-39（a）所示。

对于多个直径相同且成规律分布的孔（如圆孔、螺孔及沉孔等）可以仅画出一个或几个孔，其余孔只需用点画线表示其中心位置，并注明孔的总数，如图 5-39（b）所示。

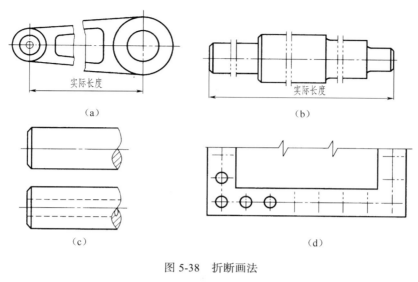

图 5-38　折断画法

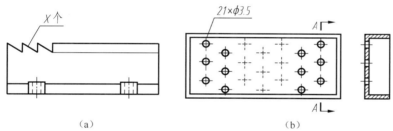

图 5-39　相同结构的简化画法

5．对称结构的简化画法

当结构对称时，在不引起误解的前提下，可以只画视图的一半或四分之一，并在对称中心线的两端分别画出两条与其垂直的平行细实线（对称符号），如图 5-40 所示。

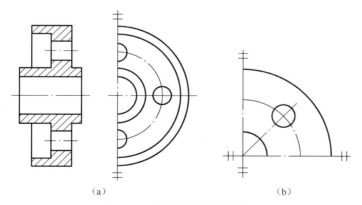

图 5-40　对称结构的简化画法

6．法兰盘上孔的简化画法

法兰盘上均匀分布的孔允许按图 5-41 所示的方法表示，只画出孔的位置而将圆盘省略。

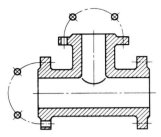

图 5-41　法兰盘上孔的简化画法

7．网状物、编织物或机件上滚花的简化画法

网状物或机件上的滚花部分可以在轮廓线附近用细实线示意图画出，并在零件图上或技术要求中注明这些结构的具体要求，如图 5-42 所示。

8．不能充分表达的平面的简化画法

当图形不能充分表达平面时，可以用平面符号（相交的两条细实线）表示，如图 5-43 所示。

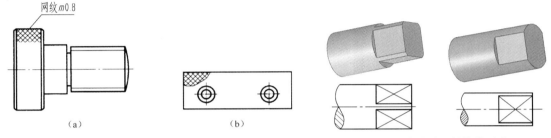

图 5-42　网状物或机件滚花的简化画法　　　　图 5-43　表示平面的简化画法

9．键槽、方孔的简化画法

机件上对称结构（如键槽、方孔等）的局部剖视图可以按图 5-44 所示的方法表示。

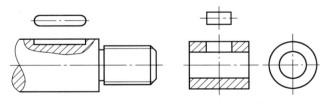

图 5-44　机件上对称结构局部剖视图的简化画法

【任务实施】

【例 5-2】　确定图 5-45（a）所示支架的表达方案。

针对一个机件一般可以先定出多个表达方案，通过分析比较后确定一个较佳的方案。确定表达方案的原则如下。

- 在完整、清晰地表达形体结构的前提下，使视图数量最少。
- 力求绘图简便，看图方便。
- 选择的每个视图都有一定的表达重点，同时要注意彼此间的联系和分工。

形体分析：如图 5-45（a）所示，支架由圆筒、底板和肋板构成。支架前后对称，底板倾斜并有 4 个安装通孔。

（1）主视图的选择。为反映机件的形体特征，将支架上的主要结构圆筒的轴线水平放置，并以图 5-45（a）所示的 S 方向作为主视图的投射方向，主视图采用单一剖切面的局部视图，既表达了肋板、圆筒和底板的外部形状，又表达了圆筒上的孔和底板上 4 个通孔的形状。

（2）其他视图的选择。由于底板的主要表面和圆筒是倾斜的，为了作图简单，该机件不宜选用除主视图以外的基本视图。为表达底板的实形，采用了 A 向斜视图，如图 5-45（b）所示；为表达圆筒与肋板前后方向的连接关系，采用了 B 向局部视图；为了表达十字形肋板的断面形状，采用了移出断面图。

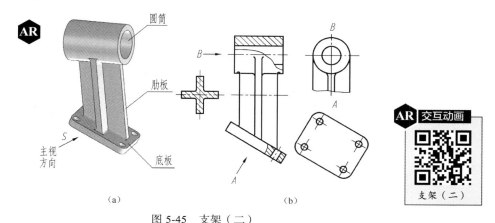

图 5-45　支架（二）

【综合实训】

【实训】　识读图 5-46 所示缸盖的剖视图。

读剖视图是根据机件已有的视图、剖视图、断面图等，通过分析它们之间的关系及表示意图，想象出机件的内外结构。其基本步骤如下。

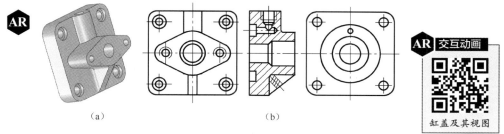

图 5-46　缸盖及其视图

（1）识读图形，明确投影关系。

了解机件选用了几个视图，几个剖视图、断面图，从视图、剖视图及断面图的数量位置、图形内外轮廓初步了解机件的复杂程度。

图 5-46（b）中共有 3 个图形：主视图、左视图和后视图。其中，主视图画的是普通视图，它除了表示外形，还表示了 4 个沉头孔和 2 个螺纹孔。左视图画的是全剖视图，剖切位置符号省略未画，它主要表示内部孔的结构，中间是大阶梯孔，小油孔为等径垂直相贯，还画了 1 个重合剖面表示三角形肋板的断面形状。后视图主要表示环形槽。

（2）分析形体，想出内外结构。

在剖视图中带有剖面线的封闭线框表示物体被剖切的剖面区域（实体部分），不带剖面线的空白封闭线框表示机件的空腔或远离剖切面后的结构。

用形体分析法将机件分解成若干个基本形体，想象出每个基本体的形状，根据剖面符号想象出每个基本体内部孔、槽的形状和位置，从而弄清基本体的内外结构。例如，缸盖可以分解成 4 个基本形体，即方形底板、菱形凸台、半圆柱和三角形肋板。菱形凸台中间有 1 个大圆孔，两边各有 1 个小螺纹孔。半圆柱上有 1 个小油孔。方形底板中间有 1 个大圆孔、1 个小油孔、1 个环形槽和 4 个沉头孔。

（3）综合整体，看懂机件形状。

根据视图投影关系，想象出几个基本形体之间的相对位置，组合起来看懂整个机件的内外结构。先根据视图确定主体结构，然后把各部分综合起来想象整体形状。

缸盖菱形凸台在方形底板前面位于中间，半圆柱在底板前面和菱形凸台上面，三角形肋板在底板前面和菱形凸台下面，整个机件左右为对称形。就整个机件内部结构来看，从左视图和俯视图上可以看出有大圆柱阶梯孔、相贯的小油孔、环形槽、4 个沉头孔和 2 个螺纹孔。

看清各简单形体的内外形状和相互位置后，可以想象出缸盖的整体形状，结果如图 5-46（a）所示。

微课

综合案例 1——
四通管的表达

微课

综合案例 2——
支架的表达

【项目小结】

本项目着重介绍了视图、剖视图与断面图的画法和标注规定。画图时，应对物体结构进行详细的形体分析，对表达方案的选择，应考虑看图方便，并在完整、清晰地表达物体各部分形状和结构的前提下，力求画图简便。机械图样常用的表示法如表 5-4 所示。

表 5-4　　　　　　　　　　　　机械图样常用的表示法

分 类		适 用 情 况	注 意 事 项
视图：主要用于表达机件的可见外部形状	基本视图	用于表达机件的整体外形	按规定位置配置各视图，不加任何标注
	向视图	一般用于表达机件的整体外形，在不能按规定位置配置时使用	用字母和箭头表示要表达的部位和投射方向，在所画的向视图、局部视图或斜视图的上方中间位置用相同的字母写上名称，如 "A"
	局部视图	用于表达机件的局部外形	
	斜视图	用于表达机件倾斜部分的外形	
剖视图：主要用于表达机件的内部结构	全剖视图	用于表达机件的整个内部结构（剖切面完全切开机件）	用平行于或不平行于基本投影面的单一剖切面，用几个相交、平行的剖切平面剖切都可获得这 3 种剖视图。除单一剖切平面通过机件的对称面或剖切位置明显，且中间又无其他图形隔开时，可省略标记外，其余都必须标注剖切标记。标记为在剖切平面的起、止、连接处画出粗短画线并注上相同的字母，在起、止的粗短画线外端画出箭头表示投射方向。在所画的剖视图的上方中间位置用相同的字母标注出其名称 "×—×"
	半剖视图	用于表达有对称结构的机件的外形与内部结构（以对称线分界）	
	局部剖视图	用于表达机件的局部内部结构和保留机件的局部外形（局部剖切机件）	

续表

分　类		适　用　情　况	注　意　事　项
断面图：主要用于表达机件的某一断面形状	移出断面图	用于表达机件局部结构的截断面形状	如果画在剖切线的延长线或剖切符号粗短画线的延长线上： 剖面区域对称——不注标记； 剖面区域不对称——画粗短画线、箭头。 如果画在其他地方： 剖面区域对称——画粗短画线、注字母； 剖面区域不对称——画粗短画线、箭头、注字母
	重合断面图	用于表达机件局部结构的截断面形状，且在不影响图形清晰度的情况下采用	同画在剖切线延长线上或剖切符号粗短画线的延长线上的移出断面图

【思考题】

1. 基本视图共有几个？它们是如何排列的？它们的名称是什么？

2. 斜视图和局部视图在图中如何配置和标注？

3. 剖视图有哪几种？要得到这些剖视图，按国家标准规定有哪几种剖切手段？

4. 在剖视图中，什么地方应画上剖面符号？剖面符号的画法有什么规定？

5. 剖视图与断面图有何区别？

【综合演练】

1. 如图 5-47 所示，根据立体图，将左视图画成全剖视图。

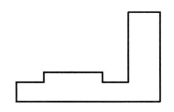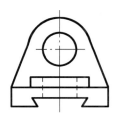
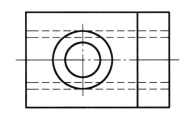

图 5-47　将左视图画成全剖视图

2. 如图 5-48 所示，在指定位置将主视图、俯视图画成局部剖视图。

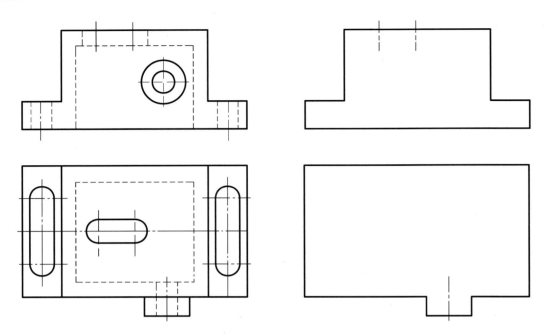

图 5-48　将主视图、俯视图画成局部剖视图

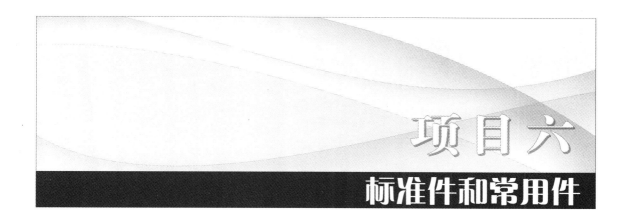

项目六

标准件和常用件

【项目导读】

标准件是指结构形状、各部分尺寸等都严格按照国家标准的规定进行制造的零件，如图 6-1 所示的齿轮泵中的螺栓、键等。想一想，还有哪些常用的标准件呢？

常用件是指部分结构、参数也已标准化的零件和部件，如图 6-1 中的齿轮。想一想还有哪些零件属于常用件呢？

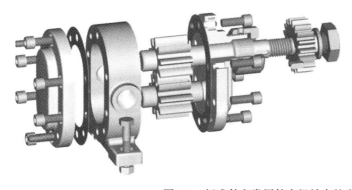

图 6-1　标准件和常用件在机械中的应用

【学习目标】

- 了解螺纹的形成和螺纹要素。
- 掌握螺纹的规定画法。
- 熟练掌握常用螺纹紧固件连接的画法。
- 掌握键、销连接的规定画法。
- 掌握直齿圆柱齿轮的规定画法。
- 掌握滚动轴承和弹簧的规定画法。

【素质目标】

- 培养按照国家标准进行设计的能力。
- 培养绘制规范、标准图样的能力。

任务一　掌握螺纹的画法

螺纹在工程中应用很广，如图 6-2 所示。其中，用于连接的螺纹称为连接螺纹，用于传递运动和动力的螺纹称为传动螺纹。

图 6-2　螺纹的应用

【知识准备】

一、螺纹的形成

螺纹是零件上常见的一种结构。螺纹是在圆柱或圆锥表面上，沿着螺旋线所形成的具有相同剖面的连续凸起（凸起是指螺纹两侧面间的实体部分，又称牙）。

螺纹分外螺纹和内螺纹两种，成对使用。在圆柱或圆锥外表面上加工的螺纹，称为外螺纹；在圆柱或圆锥内表面上加工的螺纹，称为内螺纹。

工业上制造螺纹有许多种方法，各种螺纹都是根据螺旋原理加工而成的。图 6-3 所示为在车床上加工外螺纹、内螺纹的方法。工件进行等速旋转，车刀沿轴线方向等速移动，刀尖即形成螺旋运动。由于车刀刀刃形状不同，在工件表面切掉部分的截面形状也不同，因此得到各种不同的螺纹。

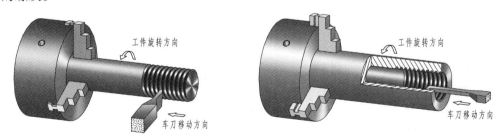

（a）车外螺纹　　　　　　　　　　　　　　　　（b）车内螺纹

图 6-3　在车床上车螺纹

二、螺纹的要素和种类

下面介绍螺纹的 5 个基本要素及螺纹的分类。

1. 螺纹的要素

螺纹有牙型、直径、线数、螺距和导程及旋向 5 个基本要素。在实际应用中，只有这 5 个基本要素完全相同时，内螺纹、外螺纹才能配合使用。

（1）牙型。牙型是指通过螺纹轴线剖面上的螺纹轮廓线形状。常见的螺纹牙型有三角形、梯形、锯齿形等，如图6-4所示。

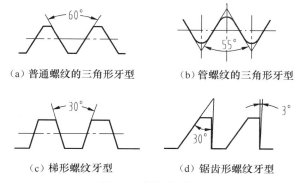

（a）普通螺纹的三角形牙型　　　　（b）管螺纹的三角形牙型

（c）梯形螺纹牙型　　　　（d）锯齿形螺纹牙型

图6-4　螺纹的牙型

（2）直径。直径包括大径、小径和中径3个类型，如图6-5所示。大径也称公称直径，螺纹的标注通常只标注大径。外螺纹的大径、小径和中径分别用符号 d、d_1 和 d_2 表示，内螺纹的大径、小径和中径分别用符号 D、D_1 和 D_2 表示。

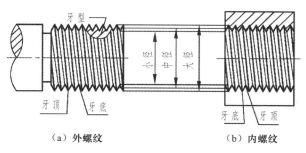

（a）外螺纹　　　　　　（b）内螺纹

图6-5　螺纹的大径、小径和中径

- 大径：与外螺纹牙顶或内螺纹牙底相切的假想圆柱的直径。
- 小径：与外螺纹牙底或内螺纹牙顶相切的假想圆柱的直径。
- 中径：母线通过牙型上沟槽和凸起宽度相等位置的假想圆柱直径，是控制螺纹精度的主要参数之一。

（3）线数。螺纹有单线和多线之分。沿圆柱面上一条螺旋线所形成的螺纹称为单线螺纹，如图6-6（a）所示。两条或两条以上在轴向等距分布的螺旋线所形成的螺纹称为双线螺纹或多线螺纹，如图6-6（b）所示。

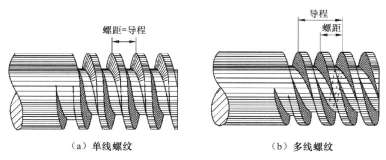

（a）单线螺纹　　　　　　（b）多线螺纹

图6-6　螺纹的螺距、导程及线数

（4）螺距和导程。螺距（P）是指相邻两牙在中径线上对应两点间的轴向距离；导程（Ph）是指同一条螺旋线上的相邻两牙在中径线上对应两点间的轴向距离。螺距和导程是两个不同的概念。

螺距、导程、线数之间的关系是：$P=（Ph）/n$。对于单线螺纹，$P=Ph$，如图 6-6（a）所示。

（5）旋向。螺纹有右旋和左旋之分。顺时针旋转时旋入的螺纹，称右旋螺纹；逆时针旋转时旋入的螺纹，称左旋螺纹。工程上常用右旋螺纹。

以左、右手判断左旋螺纹和右旋螺纹的方法如图 6-7 所示。

图 6-7　螺纹的旋向

2．螺纹的种类

螺纹的种类较多，可以根据螺纹的要素是否标准和螺纹的用途两方面进行分类。

（1）按螺纹要素是否标准分类。为便于设计和制造，国家标准对螺纹的牙型、直径和螺距 3 个要素做了统一规定。

- 标准螺纹：3 个要素都符合国家标准的螺纹。
- 特殊螺纹：牙型符合国家标准，直径或螺距不符合国家标准的螺纹。
- 非标准螺纹：牙型不符合国家标准的螺纹，如矩形螺纹。

生产上如无特殊需求，均应采用标准螺纹。

（2）按螺纹的用途分类。从螺纹的功用出发，螺纹可以分为连接螺纹和传动螺纹。一般三角形螺纹用于连接，梯形螺纹、锯齿形螺纹及矩形螺纹用于传动。

常用标准螺纹的种类、牙型和用途如表 6-1 所示。

表 6-1　　　　　　　　　　常用标准螺纹

螺纹种类及牙型代号		牙 型 图	用 途	说 明
连接螺纹	粗牙普通螺纹 细牙普通螺纹 牙型代号 M	60°	一般连接用粗牙普通螺纹，薄壁零件的连接用细牙普通螺纹	螺纹大径相同时，细牙螺纹的螺距和牙型高度都比粗牙螺纹的螺距和牙型高度要小
	非螺纹密封的管螺纹 牙型代号 G	55°	常用于电线管等不需要密封的管路系统中的连接	该螺纹另加密封结构后，密封性能好，可用于高压的管路系统
	螺纹密封的管螺纹 牙型代号 R_C、R_P、R	1∶16　55°	常用于日常生活中的水管、煤气管、润滑油管等系统中的连接	R_C——圆锥内螺纹，锥度为 1:16 R_P——圆柱内螺纹 R——圆锥外螺纹，锥度为 1:16

续表

螺纹种类及牙型代号	牙 型 图	用 途	说 明
传动螺纹 梯形螺纹 牙型代号 Tr		常用于各种机床上的传动丝杠	做双向动力的传递
锯齿形螺纹 牙型代号 B		常用于螺旋压力机的传动丝杠	做单向动力的传递

三、螺纹的规定画法

在机械图样中，螺纹已经标准化，并且通常采用成型刀具制造，因此无须按其真实投影画图。绘图时，根据国家标准《机械制图 螺纹及螺纹紧固件表示法》（GB/T 4459.1—1995）的规定绘制即可。

1. 外螺纹的画法

外螺纹的画法如图 6-8 所示，其要点如下。

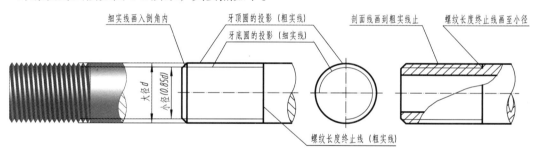

图 6-8 外螺纹的画法

（1）牙顶圆的投影（大径）用粗实线表示。

（2）牙底圆的投影（小径）用细实线表示。

（3）螺杆的倒角或倒圆部分应画出，螺纹终止线用粗实线表示。

（4）在垂直于螺纹轴线的投影面视图中，表示牙底圆的细实线只画约 3/4 圈。螺杆倒角的投影不画。

（5）当外螺纹被剖切时，剖切部分的螺纹终止线只画到小径处，剖面线画到表示牙顶圆的粗实线处。

2. 内螺纹的画法

内螺纹的画法如图 6-9 所示，其要点如下。

（1）在平行于螺纹轴线的投影面视图中，内螺纹通常画成剖视图。

（2）牙顶圆的投影（小径）用粗实线表示，牙底圆的投影（大径）用细实线表示，螺纹终止线用粗实线表示。

（3）剖面线画到表示牙顶圆的粗实线处。

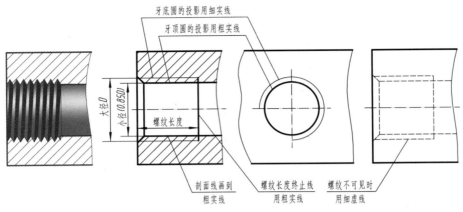

图 6-9　内螺纹的画法

（4）在垂直于螺纹轴线的投影面视图中，表示牙底圆的细实线只画约 3/4 圈。螺纹上倒角的投影省略不画。

（5）当螺纹不可见时，螺纹的所有图线用细虚线绘制，如图 6-9 所示。

微课

螺纹的规定画法

3．螺纹连接的画法

螺纹连接的画法如图 6-10 所示，其要点如下。

（1）内螺纹、外螺纹连接常用剖视图表示，并使剖切平面通过螺杆的轴线。

（2）螺杆按未剖切绘制。

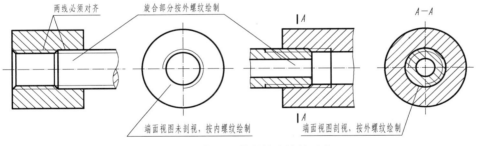

图 6-10　内螺纹、外螺纹连接的画法

（3）用剖视图表示螺纹的连接时，其旋合部分按外螺纹的画法绘制，其余部分仍按各自的画法表示。

（4）表示螺纹大径、小径的粗实线、细实线应分别对齐，其位置与螺杆头部倒角的大小无关。

四、螺纹的标记及标注

在机械图样中，为了区别不同种类的螺纹，国家标准规定标准螺纹应在图样中标注出相应的螺纹标记。

1．普通螺纹的标记

国家标准规定螺纹的标记应包括以下内容。

| 特征代号 | 公称直径 | × 导程（螺距） | － 公差带代号 | － 旋合长度代号 | － 旋向 |

标注时应注意以下几点。

（1）对于单线螺纹，导程（螺距）改标螺距。

（2）对于普通粗牙螺纹，不标注螺距。

（3）螺纹公差带由公差等级和基本偏差代号组成（内螺纹用大写字母，如6H，外螺纹用小写字母，如6h），公差带代号应按顺序标注中径、顶径公差带代号。

（4）旋合长度代号规定为长（L）、中（N）、短（S）3组；旋合长度为中等时，"N"可以省略。

（5）右旋螺纹不标注旋向，左旋螺纹则标注LH。

2. 管螺纹的螺纹标记

管螺纹的螺纹标记格式如下。

| 特征代号 | 尺寸代号 | 公差等级代号 | － | 旋向代号 |

标注时注意以下几点。

（1）管螺纹的尺寸代号不是螺纹大径值。

（2）55°非密封管螺纹的内螺纹和55°密封管螺纹的内螺纹、外螺纹仅有一种公差等级，公差带代号可以省略，如 R_c2。

（3）55°非密封管螺纹的外螺纹有A、B两种公差等级，如G2A或G2B-LH。

3. 标注方法

常见螺纹的标注方法是将规定标记注写在尺寸线或延长线上，尺寸线的箭头指在螺纹的大径上；管螺纹的标注方法是用一条斜向细实线，一端指向螺纹大径，另一端指向横细实线，将螺纹标记注写在横线上方。表6-2所示为常见螺纹和管螺纹的标注示例。

表6-2　　　　常见螺纹和管螺纹的标注示例

螺纹类别	特征代号		标注示例	说　明
连接螺纹	普通螺纹 M	粗牙		粗牙普通螺纹，公称直径为10，螺距为1.5（查表获得），右旋；外螺纹中径和顶径公差代号都是6g；内螺纹中径和顶径公差代号都是6H；中等旋合长度
		细牙		细牙普通螺纹，公称直径为8，螺距为1，左旋；外螺纹中径和顶径公差代号都是6g；内螺纹中径和顶径公差代号都是7H；中等旋合长度
	管螺纹 G	55°非密封管螺纹		外螺纹的尺寸代号为1，公差等级为A级；内管螺纹的尺寸代号为3/4。内螺纹公差等级只有一种，省略不注

续表

螺纹类别		特征代号		标 注 示 例	说　明
连接螺纹	管螺纹	R R_P R_C	55°密封管螺纹	*R1/2-LH* *R_P3/4* *R_C3/4*	尺寸代号为 1/2，用螺纹密封的左旋圆锥外螺纹。尺寸代号为 3/4，用螺纹密封的圆柱内螺纹。尺寸代号为 3/4，用螺纹密封的圆锥内螺纹
传动螺纹	梯形螺纹	T_r		*T_r40×7-7e*	梯形外螺纹，公称直径为 40，单线，螺距为 7，右旋，中径公差带代号为 7e；中等旋合长度
	锯齿形螺纹	B		*B32×6-7e*	锯齿形外螺纹，公称直径为 32，单线，螺距为 6，右旋，中径公差带代号为 7e；中等旋合长度

【任务实施】

【例 6-1】 解释"M24-6H"的含义。

解　表示粗牙普通内螺纹，大径为 24，螺距为 3（省略未注），中径和小径公差带均为 6H，中等旋合长度（省略未注），右旋（省略未注）。

【例 6-2】 解释"M12-6g"的含义。

解　表示粗牙普通外螺纹，大径为 12，螺距为 1.75（省略未注），中径和大径公差带均为 6g，中等旋合长度（省略未注），右旋（省略未注）。

【例 6-3】 解释"M20×2-6H-LH"的含义。

解　表示细牙普通内螺纹，大径为 20，螺距为 2，中径和小径公差带均为 6H，中等旋合长度（省略未注），左旋。

【例 6-4】 解释"G1A"的含义。

解　查表（见附录中的表 f2）：尺寸代号为 1；螺距 P =2.309；非密封管螺纹（外），公差等级为 A 级，右旋。

任务二　掌握常用螺纹紧固件的画法

螺纹紧固件主要起连接和紧固的作用，常用的有螺栓、螺母、垫圈、螺钉及双头螺柱等，如图 6-11 所示，其结构和尺寸均已标准化。螺纹紧固件通常由专业化工厂成批生产，使用时可按要求根据相关标准选用。

【知识准备】

一、螺纹紧固件的标记

根据国家标准《紧固件标记方法》（GB/T 1237—2000）中规定，螺纹紧固件的规定标记一般包括以下内容。

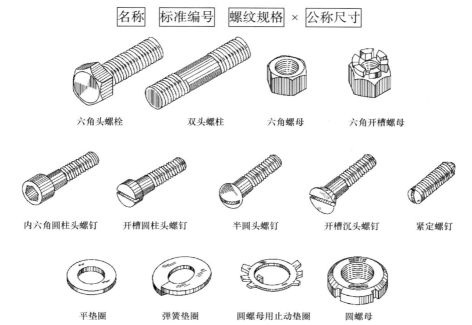

图 6-11 常见的螺纹紧固件

常用螺纹紧固件的标记如表 6-3 所示。

表 6-3 常用螺纹紧固件的标记

标 准	图 例	规 定 标 记
六角头螺栓A级和B级 GB/T 5782—2016		规定标记:螺栓 GB/T 5782—2016　M16×60 表示 A 级六角头螺栓,螺纹规格 d = M16, 公称长度 L = 60 mm
双头螺柱 GB/T 898—1988		规定标记:螺柱 GB/T 898—1988　M16×40 表示双头螺柱,螺纹规格 d = M16,公称长 度 L = 40 mm
开槽圆柱头螺钉 GB/T 65—2016		规定标记:螺钉 GB/T 65—2016　M10×45 表示开槽圆柱头螺钉,螺纹规格 d = M10, 公称长度 L = 45 mm
开槽沉头螺钉 GB/T 68—2016		规定标记:螺钉 GB/T 68—2016　M10×50 表示开槽沉头螺钉,螺纹规格 d = M10,公 称长度 L = 50 mm
十字槽沉头螺钉 GB/T 819.1—2016		规定标记:螺钉 GB/T 819.1—2016　M10×50 表示十字槽沉头螺钉,螺纹规格 d = M10, 公称长度 L = 50 mm
开槽锥端紧定螺钉 GB/T 71—2018		规定标记:螺钉 GB/T 71—2018　M6×20 表示开槽锥端紧定螺钉,螺纹规格 d = M6, 公称长度 L = 20 mm
1 型六角螺母 GB/T 6170—2015		规定标记:螺母 GB/T 6170—2015　M16 表示六角螺母,螺纹规格 d = M16

续表

标　　准	图　　例	规　定　标　记
平垫圈 A 级 GB/T 97.1—2002	⌀17	规定标记：垫圈 GB/T 97.1—2002 16—140 HV 表示 A 级平垫圈，螺纹规格 d = M16，性能 等级为 140 HV

二、螺纹紧固件的连接画法

螺纹紧固件连接的基本形式有螺栓连接、螺柱连接和螺钉连接 3 种，如图 6-12 所示。把螺栓（或螺柱、螺钉）与螺母、垫圈及被连接件装配在一起而画出的视图或剖视图，称为螺纹紧固件的装配图，如图 6-13 所示。

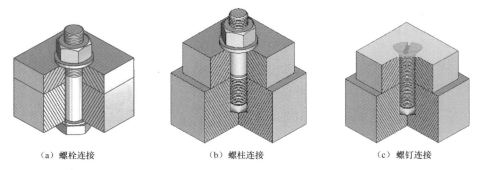

（a）螺栓连接　　　　　（b）螺柱连接　　　　　（c）螺钉连接

图 6-12　螺纹紧固件连接的基本形式

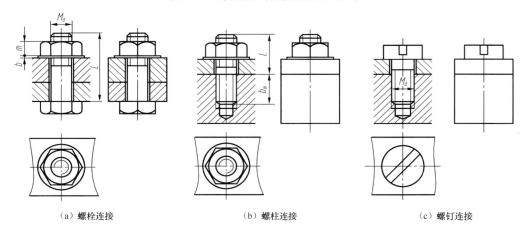

（a）螺栓连接　　　　　（b）螺柱连接　　　　　（c）螺钉连接

图 6-13　螺纹紧固件的装配图

在画螺纹紧固件的装配图时，应遵守以下规定。

（1）两零件的接触面处画一条粗实线。

（2）作剖视图时，若剖切平面通过螺纹紧固件的轴线，则螺栓、螺柱、螺钉、螺母及垫圈等都按不剖绘制；互相接触的零件的剖面线方向应该相反，或者两零件的剖面线的方向相同而间距不同。

下面分别介绍螺栓、螺柱及螺钉连接的装配画法。

1. 螺栓连接

螺栓主要用于连接不太厚并能加工通孔的零件，如图 6-14 所示。

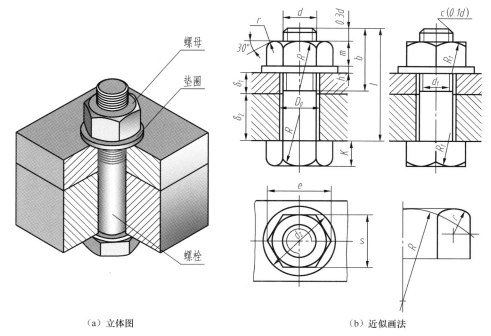

（a）立体图　　　　　　　　　　　　　　　　（b）近似画法

图 6-14　螺栓及其连接的画法

　　画螺栓连接图时，应根据螺栓零件的标记按其相应标准中的各部分尺寸绘制。但为了方便作图，通常可以按其各部分尺寸与螺栓大径 d 的比例关系近似画出，其比例关系可以查表获得，如表 6-4 所示。

表 6-4　　　　　　　　　　　　　　　　螺栓紧固件近似画法的比例关系

部　位	尺 寸 比 例	部　位	尺 寸 比 例	部　位	尺 寸 比 例
螺栓	$b=2d$；$e=2d$；$R=1.5d$ $c=0.1d$；$K=0.7d$ $d_1=0.85d$；$R_1=d$ s 由作图决定	螺母	$e=2d$ $R=1.5d$ $R_1=d$ r 由作图决定 s 由作图决定	垫圈	$h=0.15d$ $d_2=2.2d$
				被连接件	$D_0=1.1d$

2. 双头螺柱连接

　　当被连接零件需经常拆卸或其中之一较厚、不便加工通孔时，常采用螺柱连接。

　　双头螺柱的两端都有螺纹，其中旋入端全部旋入机件的螺孔内，另一端穿过连接件的通孔，套上垫圈，拧紧螺母，如图 6-15 所示。双头螺柱旋入端的长度 b_m 与被旋入零件的材料有关，对于钢或青铜，$b_m=d$；对于铸铁，$b_m=1.25d\sim1.5d$；对于铝合金，$b_m=2d$。双头螺柱的长度 L 可按下式计算其初值。

$$L\geqslant\delta_1+s+H+0.3d$$

其中 δ_1 为零件厚，$s=0.15d$（垫圈厚），$H=0.8d$（螺母厚）。

　　画图时注意旋入端应全部拧入被连接件的螺孔内，所以旋入端的终止线与被连接的螺孔端面平齐，如图 6-15 所示。

3. 螺钉连接

　　螺钉的种类很多，按其用途可分为连接螺钉和紧定螺钉。

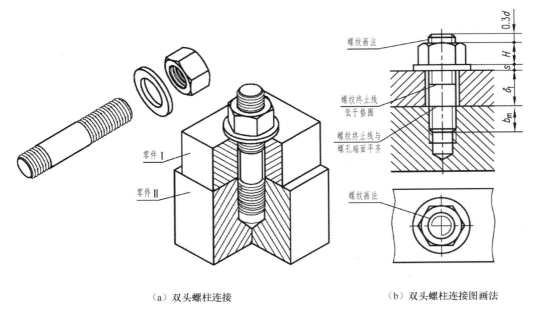

（a）双头螺柱连接 　　　　　　　　　　　　　　（b）双头螺柱连接图画法

图 6-15　双头螺柱及其连接画法

（1）连接螺钉。连接螺钉主要用于连接一个较薄和一个较厚的零件，它不需要与螺母配用，常用于受力不大而又不经常拆卸的场合。如图 6-16 所示，被连接的下部零件做成螺孔，上部零件做成通孔（孔径一般取 $1.1d$），将螺钉穿过上部零件的通孔，然后与下部零件的螺孔旋紧，即完成连接。

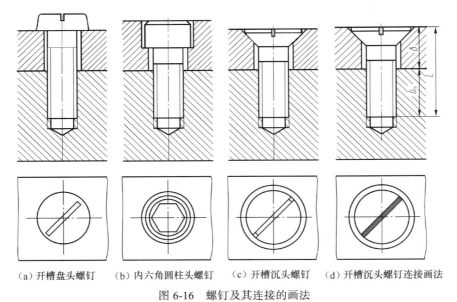

（a）开槽盘头螺钉　　（b）内六角圆柱头螺钉　　（c）开槽沉头螺钉　　（d）开槽沉头螺钉连接画法

图 6-16　螺钉及其连接的画法

画螺钉连接的要点如下。

① 螺钉旋入螺孔的深度 b_m 与双头螺柱旋入端的螺纹长度 b_m 相同，与被旋入零件的材料有关。

② 螺钉的螺纹长度应比旋入螺孔的深度 b_m 小，一般取 d。

③ 开槽螺钉在俯视图上应画成顺时针方向旋转 45° 的位置。

④ 螺钉的公称长度 L 应先按下式计算，然后查表选择相近的标准长度值。

$$L=\delta+b_m$$

式中：δ——连接上部零件的厚度；

b_m——螺钉旋入螺孔的长度。

（2）紧定螺钉。紧定螺钉用来防止两个相互配合的零件发生相对运动。图 6-17 所示为用紧定螺钉限定轮和轴的相对位置。图 6-17（a）所示为零件图上螺孔和锥坑的画法，图 6-17（b）所示为在装配图上的画法。

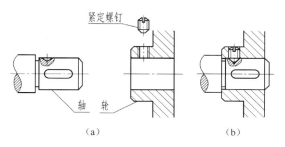

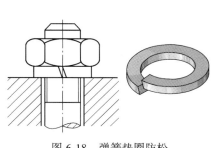

（a）　　　　　　　　（b）

图 6-17　紧定螺钉及其连接的画法

4. 螺母防松

为了防止螺母松脱，保证连接的紧固，在螺纹连接中常常需要设置防松装置。常用的防松装置有弹簧垫圈防松（见图 6-18）、双螺母防松（见图 6-19）、开口销防松（见图 6-20）及止动垫圈防松（见图 6-21）。

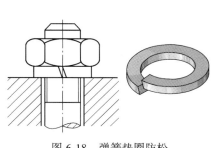

图 6-18　弹簧垫圈防松

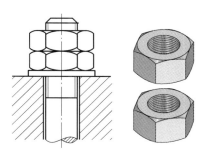

图 6-19　双螺母防松

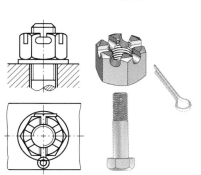

图 6-20　开口销防松

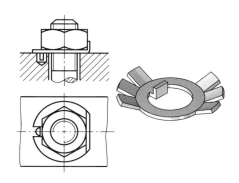

图 6-21　止动垫圈防松

【任务实施】

【例 6-5】 画螺纹紧固件连接图时常见的各种错误。

（1）螺栓连接（见图 6-22）。

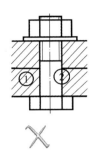 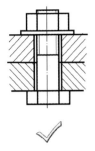

图 6-22　螺栓连接的画法

错误分析如下。

① 两个被连接件的剖面线应反向。

② 螺栓与孔之间应画出间隙。

（2）螺钉连接（见图 6-23）。

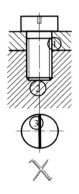 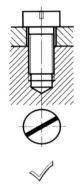

图 6-23　螺钉连接的画法

错误分析如下。

① 螺钉与孔之间应画间隙。

② 螺纹孔深应长于螺钉旋入的深度。

③ 螺钉头槽沟在俯视图中规定画成倾斜 45°。

任务三　掌握标准直齿圆柱齿轮的画法

齿轮是机械设备中常见的传动零件，用于传递运动与动力，改变转速或转向。

根据齿轮传动的情况，齿轮可分为以下 3 类。

（1）圆柱齿轮——用于两轴平行时的传动，如图 6-24（a）所示。

（2）圆锥齿轮——用于两轴相交时的传动，如图 6-24（b）所示。

（3）蜗轮蜗杆——用于两轴交叉时的传动，如图 6-24（c）所示。

（a）圆柱齿轮　　　　　　　（b）圆锥齿轮　　　　（c）蜗轮蜗杆

图 6-24　齿轮传动类型

圆柱齿轮按齿轮的轮齿方向又可分为直齿圆柱齿轮、斜齿圆柱齿轮、人字齿圆柱齿轮等，如图 6-25 所示。

（a）直齿圆柱齿轮　　　　（b）斜齿圆柱齿轮　　　（c）人字齿圆柱齿轮

图 6-25　圆柱齿轮的类型

【知识准备】

一、直齿圆柱齿轮的结构

下面介绍直齿圆柱齿轮的组成和尺寸。

1. 齿轮的主要结构

在学习直齿圆柱齿轮的组成之前，首先需要了解齿轮的结构，如图 6-26 所示。

（1）最外部分为轮缘，其上有轮齿。

（2）中间部分为轮毂，轮毂上有轴孔和键槽。

（3）轮缘和轮毂通常由辐板或轮辐连接。

（4）尺寸较小的齿轮与轴做成整体。

2. 直齿圆柱齿轮的组成和尺寸

直齿圆柱齿轮各部分的名称如图 6-27 所示，具体介绍如下。

（1）齿顶圆：通过各轮齿顶部的圆，其直径用 d_a 表示。

（2）齿根圆：通过各轮齿根部的圆，其直径用 d_f 表示。

（3）分度圆：位于齿顶圆和齿根圆之间。对于标准齿轮，分度圆上的齿厚 s 与槽宽 e 相等，其直径用 d 表示。

（4）齿高：齿顶圆和齿根圆之间的径向距离，用 h 表示。

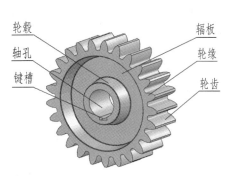

图 6-26 齿轮的结构

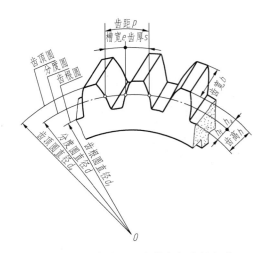

图 6-27 直齿圆柱齿轮各部分的名称

- 齿顶圆和分度圆之间的径向距离称齿顶高，用 h_a 表示。
- 分度圆和齿根圆之间的径向距离称齿根高，用 h_f 表示。
- 齿高 $h=h_a+h_f$。

（5）齿距、齿厚和槽宽。

- 在分度圆上相邻两齿对应点之间的弧长称为齿距，用 p 表示。
- 在分度圆上一个轮齿齿廓间的弧长称为齿厚，用 s 表示。
- 相邻两个轮齿齿槽间的弧长称为槽宽，用 e 表示。
- 对于标准齿轮：$s=e$，$p=s+e$。

（6）模数：如果用 z 表示齿轮的齿数，那么分度圆的周长=齿数×齿距，即

$$zp=\pi d$$
$$d=zp/\pi$$

由于 π 是无理数，会给齿轮的设计、制造及检测带来不便，因此常人为地将比值 p/π 取为一些简单的有理数，并称该比值为模数，用 m 表示，单位是 mm。令 $m=p/\pi$，则 $d=mz$。

（7）齿宽：指齿轮齿的实体在轴向上的长度，即齿轮的厚度，用 b 表示。

为了便于齿轮的设计和加工，国家标准中对模数做了统一规定，如表 6-5 所示。

表 6-5　　　　　　　　　标准模数系列（GB/T 1357—2008）

第一系列	1，1.25，1.5，2，2.5，3，4，5，6，8，10，12，16，20，25，32，40，50
第二系列	1.125，1.375，1.75，2.25，2.75，3.5，4.5，5.5，（6.5），7，9，11，14，18，22，28，36，45

注：优先选用第一系列，其次是第二系列，括号内的数值尽可能不选。

模数 m 是一个表示齿轮大小的参数，与齿数 z 和压力角 α 一起组成齿轮的 3 个基本参数。对于标准齿轮，可以通过这些参数推算出其他尺寸数值，如表 6-6 所示。

表 6-6　　　　　　　　　标准直齿圆柱齿轮各部分参数的计算

名　　称	符　号	计　算　公　式
分度圆直径	d	$d=mz$
齿顶高	h_a	$h_a=m$
齿根高	h_f	$h_f=1.25m$

续表

名　称	符　号	计算公式
齿高	h	$h=h_a+h_f=2.25m$
齿顶圆直径	d_a	$d_a=d+2h_a=m（z+2）$
齿根圆直径	d_f	$d_f=d-2h_f=m（z-2.5）$
中心距	a	$a=\dfrac{1}{2}(d_1+d_2)=\dfrac{1}{2}m(z_1+z_2)$

二、直齿圆柱齿轮的规定画法

为了提高制图效率，许多国家都制定了齿轮画法的标准，国际上也制定有 ISO 标准。我国国家标准也对齿轮的画法进行了规定。

1. 单个齿轮的规定画法

国家标准只对齿轮的轮齿部分进行了规定画法，其余结构按齿轮轮廓的真实投影绘制。

单个齿轮一般用两个视图表达，或者用一个视图加一个局部视图表示，通常将平行于齿轮轴线的视图画成剖视图。《机械制图　齿轮表示法》（GB/T 4459.2—2003）对齿轮的规定画法如图 6-28 所示，其要点如下。

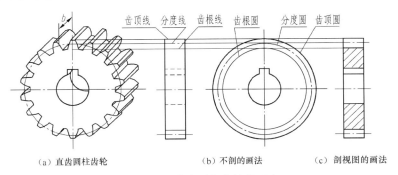

（a）直齿圆柱齿轮　　　　　　（b）不剖的画法　　　　　　（c）剖视图的画法

图 6-28　直齿圆柱齿轮的画法

（1）轮齿部分的齿顶圆和齿顶线用粗实线绘制。

（2）分度圆和分度线用细点画线绘制。

（3）齿根圆和齿根线用细实线绘制，也可以省略不画。

（4）在剖视图中，当剖切平面通过齿轮的轴线时，轮齿一律按不剖处理，齿根线用粗实线绘制。

（5）直齿轮不做任何标记，若为斜齿或人字齿，可以用 3 条与齿线方向一致的细实线表示齿线的形状，如图 6-29 所示。

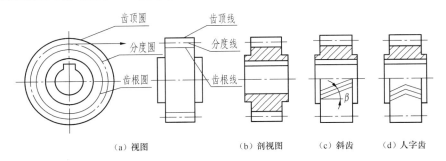

（a）视图　　　　　　（b）剖视图　　　　　（c）斜齿　　　　（d）人字齿

图 6-29　圆柱齿轮齿形的表示

微课

圆柱齿轮的画法

2. 齿轮啮合的规定画法

齿轮的啮合常用两个视图表达：一个是垂直于齿轮轴线的视图；另一个则是平行于齿轮轴线的视图或剖视图，如图6-30所示，其要点如下。

（1）在垂直于齿轮轴线的视图中，它们的分度圆（啮合时称节圆）为相切关系。

（2）啮合区内的齿顶圆有两种画法：一种是将两个齿顶圆用粗实线完整画出，如图6-30（a）所示；另一种是将啮合区内的齿顶圆省略不画，如图6-30（b）所示。

（3）节圆用细点画线绘制。

（4）在平行于齿轮轴线的视图中，啮合区的齿顶线不需要画出，节圆用粗实线绘制，如图6-30（c）所示。

图6-30 齿轮啮合的画法

（5）在剖视图中，当剖切平面通过两啮合齿轮的轴线时，在啮合区内主动齿轮的轮齿用粗实线绘制，从动齿轮的轮齿被遮挡的部分用虚线绘制，也可以省略不画。

【任务实施】

【例6-6】 齿轮图样的画法。

图6-31所示为圆柱齿轮的图样，图中除视图和应标注的尺寸外，还用表格列出了制造齿轮所需的参数。图中的参数表一般放置在图框的右上角，参数表中列出了模数、齿数、齿形角、精度等级及检查项目等。

微课

圆柱齿轮啮合的画法

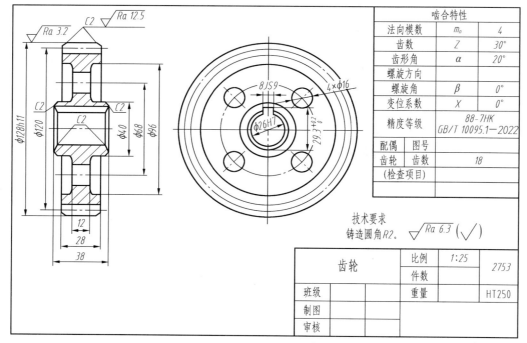

啮合特性		
法向模数	m_n	4
齿数	Z	30°
齿形角	α	20°
螺旋方向		
螺旋角	β	0°
变位系数	X	0°
精度等级		88-7HK GB/T 10095.1—2022
配偶	图号	
齿轮	齿数	18
(检查项目)		

技术要求
铸造圆角R2。 $\sqrt{Ra\ 6.3}$ (√)

齿轮	比例	1:25	2753
	件数		
班级		重量	HT250
制图			
审核			

图6-31 圆柱齿轮的图样

任务四　掌握键连接和销连接的画法

键和销也是标准件。键主要用于连接轴与轴上零件（如凸轮、带轮及齿轮等），以传递转矩或导向，如图 6-32 所示。销通常用于零件之间的连接或定位，是装配机器时的重要辅件，如图 6-33 所示。

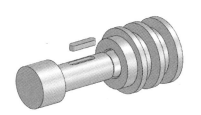

图 6-32　键连接的应用

图 6-33　销

【知识准备】

一、常用键的标记

常用的键有普通平键、半圆键、钩头楔键等，如图 6-34 所示。其中，普通平键应用最广，根据其头部的结构不同可分为圆头普通平键（A 型）、方头普通平键（B 型）及单圆头普通平键（C 型）3 种形式。

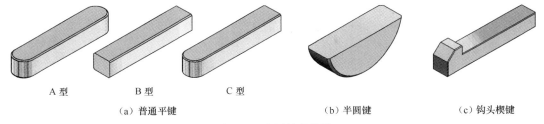

A 型　　　　B 型　　　　C 型

（a）普通平键　　　　　　　　（b）半圆键　　　　　　（c）钩头楔键

图 6-34　常用键的种类

键的标记格式如下。

标准编号　名称 结构形式 键宽×键高×键长

常用键的结构及标注如表 6-7 所示。

表 6-7　　　　　　　　　　　　常用键的结构及标注

名　称	标　准　号	图　　例	标　记
普通平键	GB/T 1096—2003	C或r h $R=0.5b$ b L	GB/T 1096 键 16×10×100 表示圆头普通平键 b=16 mm，h=10 mm，L=100 mm

续表

名　称	标准号	图　例	标　记
半圆键	GB/T 1099.1—2003		GB/T 1099.1 键 6×10×25 表示半圆键 b=6 mm，h=10 mm，d_1=25 mm
钩头楔键	GB/T 1565—2003		GB/T 1565 键 18×100 表示钩头楔键 b=18 mm，h=11 mm，L=100 mm

二、常用键连接的画法

在常用键的连接中，普通平键属于松键连接，如图 6-35 所示，其画法要点如下。

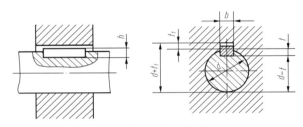

图 6-35　普通平键连接的画法

（1）主视图采用局部剖视图，左视图采用全剖视图。

（2）键与键槽的两侧面为配合面，画成一条线。

（3）键的顶面与轴上零件之间留有一定的间隙，应画成两条线。

（4）键侧面为工作面，应接触，与轴上零件之间无间隙，应画成一条线，键的倒角或圆角省略不画。

图 6-35 中，b 为键宽，h 为键高，t 为轴上键槽深度，$d-t$ 为轴上键槽深度的表示，t_1 为轮毂上键槽深度，$d+t_1$ 为轮毂上键槽深度的表示。

以上符号的数值，均可根据轴的公称直径 d 从相应标准中查出。

其他常用键连接的画法如表 6-8 所示。

微课

键连接及其画法

表 6-8　　　　　　　　　　　　　　　　其他常用键连接的画法

名　称	连接的画法	说　明
半圆键	主视图采用局部剖视图，左视图采用全剖视图	键侧面为工作面，侧面、底面应接触。顶面有一定间隙

续表

名　　称	连接的画法	说　　明
钩头楔键	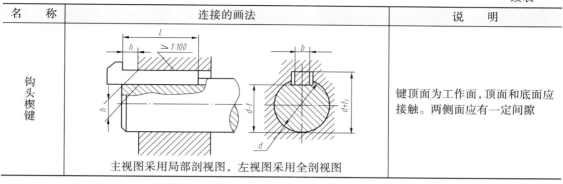 主视图采用局部剖视图，左视图采用全剖视图	键顶面为工作面，顶面和底面应接触。两侧面应有一定间隙

三、常用销及其连接画法

　　常用的销有圆柱销、圆锥销及开口销，如图 6-36 所示。圆柱销靠过盈固定在孔中，用以固定零件、传递动力或定位。圆锥销具有 1:50 的锥度，便于安装对孔，一般用于定位或连接。开口销常与槽型螺母、带孔螺栓联合使用，用来防止螺母松动。

（a）圆柱销　　　　　　（b）圆锥销　　　　　（c）开口销

图 6-36　常用的销

微课

销及其连接的画法

四、常用销的标记

　　销的标记格式如下。

名称　标准编号　结构形式　公称直径×长度

　　常用销的结构简图、标记及尺寸如表 6-9 所示。

表 6-9　　　　　　　　　　　常用销的结构简图、标记及尺寸

名　　称	标　准　号	图　　例	标　　记
圆锥销	GB/T 117—2000	A 型（磨削）1:50 $\sqrt{Ra\,0.8}$ 端面$\sqrt{Ra\,6.3}$ B 型（车削或冷镦）$\sqrt{Ra\,3.2}$	销 GB/T 117 10×60（圆锥销的公称直径是指小端直径）表示公称直径 d=10 mm、公称长度 l=60 mm、材料为 35 钢、热处理硬度为 HRC28～38、表面氧化处理的 A 型圆锥销
圆柱销	GB/T 119.1—2000	15°	销 GB/T 119.1 8 m6×30 表示公称直径 d=8 mm、公称长度 l=30 mm、公差为 m6、材料为钢、不经淬火、不经表面处理的圆柱销

续表

名　称	标　准　号	图　例	标　记
开口销	GB/T 91—2000	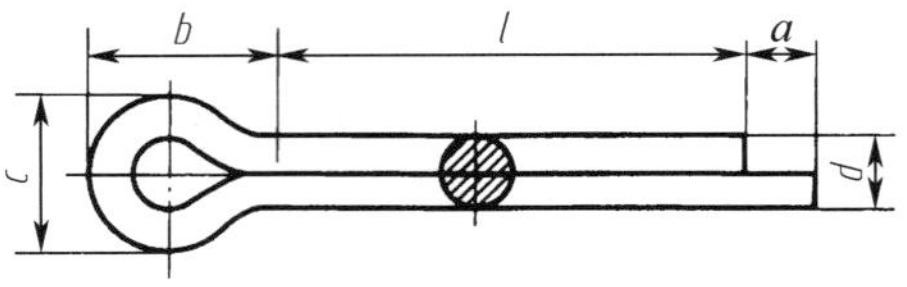 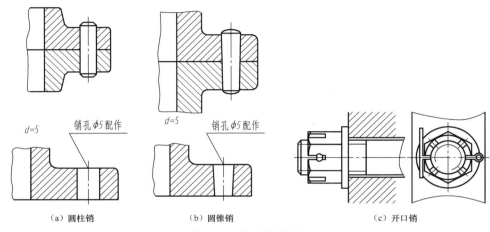	销 GB/T 91 5×50（销孔的直径=公称直径） 表示公称直径 d=5 mm、公称长度 l=50 mm、材料为低碳钢、不经表面处理的开口销

【任务实施】

【例 6-7】　常用销连接的画法。

如图 6-37 所示，销连接的画法要点如下。

（a）圆柱销　　　　　（b）圆锥销　　　　　　（c）开口销

图 6-37　销连接的画法

（1）由于零件上的孔是在零件装配时一起配钻的，因此需在零件图上的销孔尺寸标注上注明"配作"。

（2）销的尺寸需查阅标准选用。

（3）在剖视图中，剖切平面通过销的轴线时，销按不剖绘制；若垂直于销的轴线，则被剖切的销应画剖面线。

任务五　掌握常用滚动轴承和弹簧的画法

滚动轴承（见图 6-38）属于标准件，由于滚动轴承的摩擦阻力小，因此在生产中使用比较广泛。弹簧（见图 6-39）属于常用件，通常用于控制机械的运动、减振、储存能量及控制和测量力的大小等。

图 6-38　滚动轴承

图 6-39　弹簧

【知识准备】

一、滚动轴承的结构、类型及代号

在介绍滚动轴承的画法之前，先来说明一下滚动轴承的结构、类型及代号。

（1）滚动轴承的结构。滚动轴承一般由外圈、内圈、滚动体和保持架组成，如图 6-40 所示。外圈装在机座的孔内，内圈套在轴上，通常外圈固定不动而内圈随轴转动。

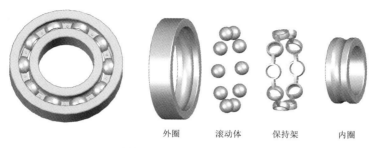

外圈　　滚动体　　保持架　　内圈

图 6-40　滚动轴承的结构

（2）滚动轴承的类型。滚动轴承的类型很多，常用的主要有向心轴承、向心推力轴承及推力轴承，如图 6-41 所示。

（3）滚动轴承的代号。滚动轴承的代号由前置代号、基本代号及后置代号 3 部分组成。通常用其中的基本代号表示即可，如图 6-42 所示。

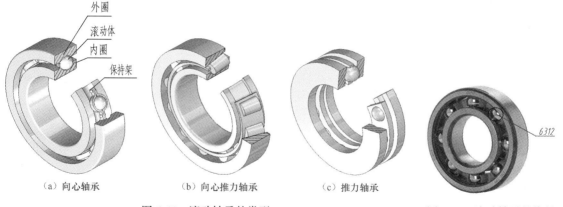

外圈
滚动体
内圈
保持架

6312

（a）向心轴承　　　　（b）向心推力轴承　　　　（c）推力轴承

图 6-41　滚动轴承的类型　　　　　　　图 6-42　滚动轴承的代号

基本代号由轴承类型代号、尺寸系列代号及内径代号 3 部分自左至右顺序排列组成，表示如下。

内径代号
直径系列
宽（高）度系列　　尺寸系列代号
类型代号

① 类型代号。类型代号表示轴承的基本类型。各种不同的轴承类型代号可以查阅有关标准或轴承手册，如表 6-10 所示。

表 6-10   轴承类型代号

代　　号	轴承类型	代　　号	轴承类型
0	双列角接触球轴承	7	角接触球轴承
1	调心球轴承	8	推力圆柱滚子轴承
2	调心滚子轴承和推力调心滚子轴承	N	圆柱滚子轴承
3	圆锥滚子轴承	NN	双列或多列圆柱滚子轴承
4	双列深沟球轴承	U	外球面球轴承
5	推力球轴承	QJ	四点接触球轴承
6	深沟球轴承		

② 尺寸系列代号。尺寸系列代号由轴承的宽（高）度系列代号和直径系列代号组合而成。宽（高）度系列代号表示轴承内径、外径相同的同类轴承有几种不同的宽（高）度。直径系列代号表示内径相同的同类轴承有几种不同的外径。尺寸系列代号均可查阅有关标准。

③ 内径代号。内径代号表示滚动轴承的内径尺寸。当代号数字小于 04 时，即 00、01、02、03 分别表示内径 $d=10$ mm、$d=12$ mm、$d=15$ mm、$d=17$ mm；代号数字大于等于 04 时，将代号数字乘以 5 即轴承的公称内径。若内径不在此范围内，则内径代号另有规定，可以查阅有关标准或滚动轴承手册。

二、滚动轴承的画法

滚动轴承是标准件，其结构形式、尺寸和标记都已标准化，画图时按国家标准的规定可以采用示意画法和简化画法。滚动轴承主要参数有 d（内径）、D（外径）、B（宽度），d、D、B 根据轴承代号在画图前查标准确定。常用滚动轴承的名称、类型及画法如表 6-11 所示。

表 6-11   常用滚动轴承的名称、类型及画法

轴承名称、类型及标准号	类型代号	查表主要数据	简化画法	示意画法	装配示意图
深沟球轴承 GB/T 276—2013	6	D d B			
圆锥滚子轴承 GB/T 297—2015	3	D d B T C			

续表

轴承名称、类型及标准号	类型代号	查表主要数据	简 化 画 法	示 意 画 法	装配示意图
推力球轴承 GB/T 301—2015	5	D d T	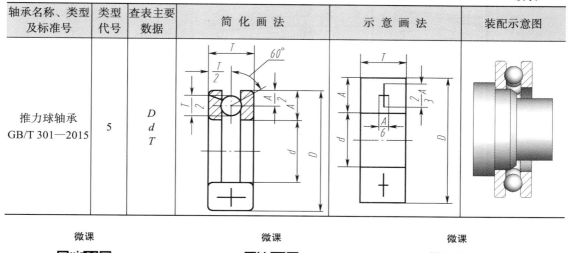		

微课

深沟球轴承的画法

微课

圆锥滚子轴承的画法

微课

推力球轴承的画法

三、弹簧的画法

弹簧是机械中的常用零件，它作为弹性元件广泛应用于缓冲、吸振、夹紧、测力及储能等机构中。弹簧的种类很多，如图 6-43 所示。

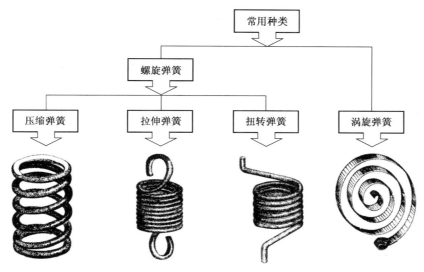

图 6-43　弹簧的种类

1. 圆柱螺旋压缩弹簧的规定画法

圆柱螺旋压缩弹簧可以画成视图、剖视图和示意图 3 种形式，如图 6-44 所示。

剖视图的画图步骤如图 6-45 所示，画图时应注意以下几点。

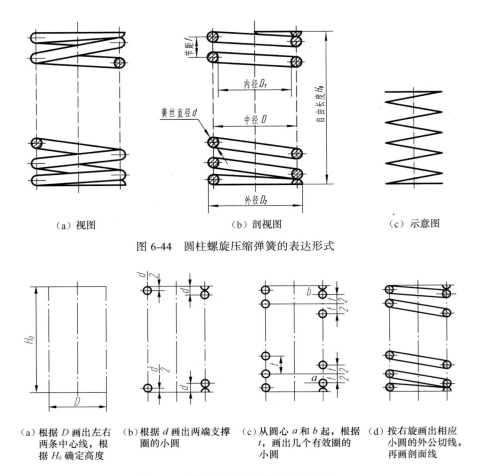

（a）视图　　　　　　　（b）剖视图　　　　　　　（c）示意图

图 6-44　圆柱螺旋压缩弹簧的表达形式

（a）根据 D 画出左右　（b）根据 d 画出两端支撑　（c）从圆心 a 和 b 起，根据　（d）按右旋画出相应
两条中心线，根　圈的小圆　　　　　t，画出几个有效圈的　小圆的外公切线，
据 H_0 确定高度　　　　　　　　　　小圆　　　　　　再画剖面线

图 6-45　圆柱螺旋压缩弹簧的画图步骤

（1）在平行于弹簧轴线的剖视图中，弹簧各圈的轮廓线应画成线段。

（2）螺旋弹簧均可画成右旋，但左旋弹簧不论画成左旋或右旋，一律要标注旋向"左"字。

微课

（3）弹簧两端的支撑圈不论多少均按图 6-45 所示绘制。

（4）有效圈数在 4 圈以上的弹簧的中间部分可以省略，并允许适当缩短图形的长度，但表示弹簧轴线和簧丝中心线的点画线仍应画出。

弹簧的画法

2. 弹簧的零件图

图 6-46 所示为圆柱螺旋压缩弹簧的零件图，在主视图上方用斜线表示外力与弹簧变形之间的关系，符号 F_1、F_2 表示工作负荷，F_j 表示极限负荷。

3. 装配图中的弹簧

（1）在装配图中，被弹簧挡住的结构一般不画出，可见部分应从弹簧的外轮廓线或从簧丝的剖面中心画起，如图 6-47（a）所示。

（2）在装配图中，型材直径或厚度在图形上等于或小于 2 mm 的螺旋弹簧、碟形弹簧及片弹簧允许用示意图绘制，如图 6-47（b）所示。弹簧被剖切时，断面直径或厚度在图形上等于或小于 2 mm 时也可以涂黑表示，如图 6-47（c）所示。

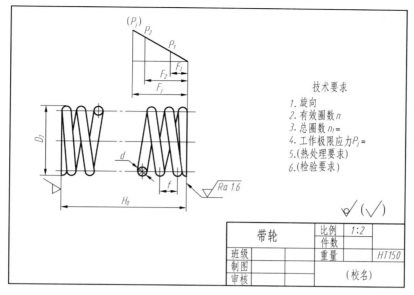

图 6-46　圆柱螺旋压缩弹簧的零件图

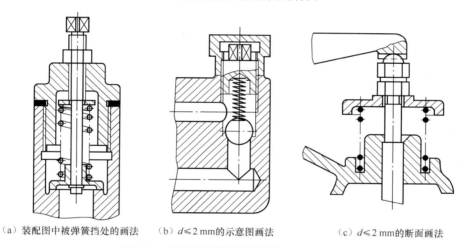

（a）装配图中被弹簧挡处的画法　　（b）d≤2 mm的示意图画法　　（c）d≤2 mm的断面画法

图 6-47　装配图中螺旋弹簧的规定画法

【任务实施】

【例 6-8】　滚动轴承基本代号示例。

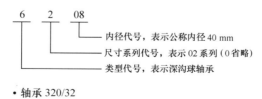

• 轴承 N1006

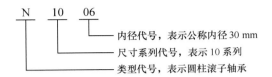

N　10　06

—— 内径代号，表示公称内径 30 mm

—— 尺寸系列代号，表示 10 系列

—— 类型代号，表示圆柱滚子轴承

【综合实训】

【实训1】 认识直齿圆锥齿轮。

直齿圆锥齿轮用于相交两轴间的传动，常见的是两轴线在同一平面内以直角相交，如图 6-48 所示。从图中可以看出，直齿圆锥齿轮是在圆锥面上制出轮齿，所以轮齿沿齿宽方向由大端向小端逐渐变小，其模数也随之变化，因此规定以大端的模数来确定各部分的尺寸，如图 6-49 所示。

图 6-48　轴线以直角相交的圆锥齿轮

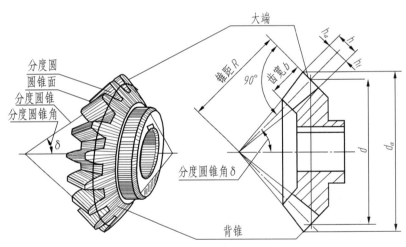

图 6-49　圆锥齿轮各部分的尺寸

【实训2】 直齿圆锥齿轮的几何尺寸计算。

直齿圆锥齿轮几何尺寸计算的基本参数有模数 m、齿数 z 和分度圆锥角 δ。直齿圆锥齿轮各部分的尺寸计算如表 6-12 所示。

表 6-12　　　　　　　　　　直齿圆锥齿轮各部分的尺寸计算

名　称	符　号	计　算　公　式
分度圆锥角	δ	$\tan\delta_1 = \dfrac{z_1}{z_2}$，$\tan\delta_2 = \dfrac{z_2}{z_1}$ 或 $\delta_2 = 90° - \delta_1$
齿顶高	h_a	$h_a = m$
齿根高	h_f	$h_f = 1.2m$
分度圆直径	d	$d = mz$
齿顶圆直径	d_a	$d_a = d + 2h_a\cos\delta = m(z + 2\cos\delta)$
齿根圆直径	d_f	$d_f = d - 2h_f\cos\delta = m(z - 2.4\cos\delta)$
锥距	R	$R = \dfrac{d_1}{2\sin\delta_1} = \dfrac{d_2}{2\sin\delta_2}$

名　　称	符　　号	计　算　公　式
齿宽	b	$b \leqslant 4m$ 或 $b \leqslant \dfrac{1}{3}R$
齿顶角	θ_a	$\cot\theta_a = h_a/R$
齿根角	θ_f	$\cot\theta_f = h_f/R$

【实训3】 单个圆锥齿轮的规定画法。

单个圆锥齿轮的轮齿画法与圆柱齿轮的相近，要点如下。

① 一般用两个视图表达，也可以用一个视图加一个局部视图表达。

② 平行于轴线的视图常取剖视图。

③ 在垂直于齿轮轴线的视图中，规定用粗实线画出大端和小端的顶圆，用细点画线画出大端的分度圆，大、小端齿根圆及小端分度圆均不画出。

④ 除轮齿按上述规定画法外，齿轮其余部分均按投影绘制，如图6-50所示。

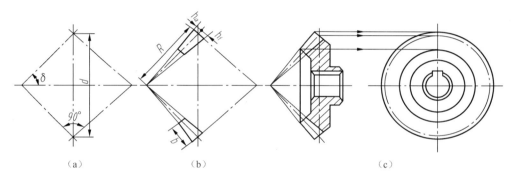

（a）　　　　　　　　　（b）　　　　　　　　　（c）

图6-50　单个圆锥齿轮的画法

【实训4】 圆锥齿轮啮合的规定画法。

圆锥齿轮啮合画法的要点如下。

① 主视图常用平行于两齿轮轴线的剖视图表达。

② 两齿轮的轴线与分度圆锥线相交于一点。

③ 在垂直于齿轮轴线的视图中只画出外形。

④ 一个齿轮的大端节线与另一个齿轮的大端节圆相切，齿根线和齿根圆省略不画，如图6-51所示。

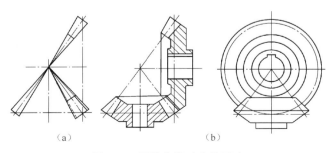

（a）　　　　　　　　　（b）

图6-51　圆锥齿轮啮合的画法

【项目小结】

　　本项目主要介绍了标准件和常用件的用途、功能及画法。在表达这些标准件和常用件时，一般不按真实投影画图，国家标准中规定了画法。同时，要掌握正确的标记方法，为绘制和识读装配图打下基础。无论是外螺纹还是内螺纹（当内螺纹画成剖视图时），螺纹的大径用粗实线表示，小径用细实线表示，螺纹终止线用粗实线表示。齿顶圆和齿顶线画成粗实线；分度圆和分度线画成细点画线；齿根圆和齿根线画成细实线，也可省略不画；在剖视图中，齿根线用粗实线表示。滚动轴承的画法有简化画法和规定画法两种。简化画法又可分为通用画法和特征画法。螺旋弹簧用直线代替螺旋线，有效圈数在 4 圈以上的螺旋弹簧，中间部分可省略不画。螺纹紧固件、键、销和滚动轴承是标准件，一般不画其零件图，在装配图的明细栏中，只要标注出它们的标记就可以在有关标准中查出其结构形式、规格、尺寸等。

【思考题】

1. 螺纹的要素有哪几个？它们的含义是什么？内外螺纹连接时，应满足哪些条件？
2. 试述螺纹（包括内外螺纹及其连接）的规定画法。
3. 简要说明普通螺纹、管螺纹及梯形螺纹的标记格式。
4. 常用的螺纹紧固件（如六角头螺栓、六角螺母、平垫圈、螺钉及双头螺柱）如何标记？
5. 直齿圆柱齿轮的基本参数是什么？如何根据这些基本参数计算齿轮各部分的尺寸？

【综合演练】

　　请指出图 6-52 和图 6-53 所示螺纹紧固件画法中的错误，并在指定位置画出正确的连接图。

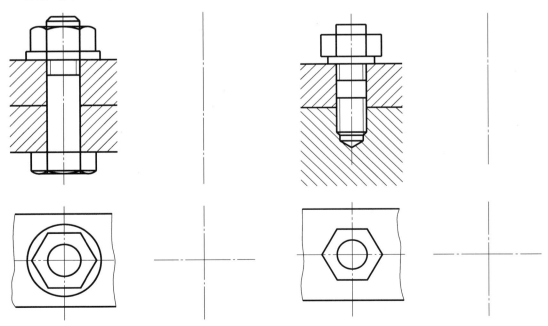

图 6-52　螺纹紧固件连接画法（一）　　　　图 6-53　螺纹紧固件连接画法（二）

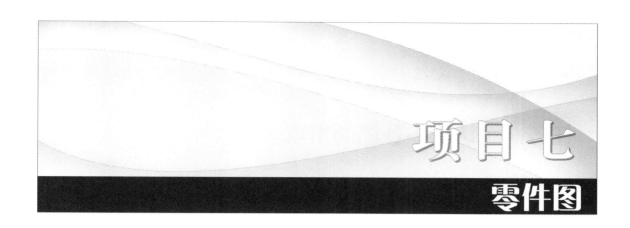

【项目导读】

机器或部件都是由零件按一定的装配关系装配而成的。图 7-1 所示的铣刀头是专用铣床上的一个部件，左边的 V 形带轮通过键连接，把动力传给阶梯轴，以带动右边的铣刀盘工作。

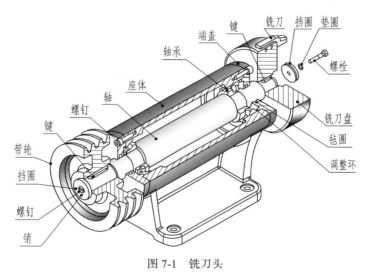

图 7-1　铣刀头

要生产一部机器，应先制造出零件，再将其装配成部件和整机。

生产零件时都要用到表示零件结构、大小及技术要求的图样，该图样称为零件图。这些图样有哪些内容，又有哪些特点呢？

【学习目标】

- 了解零件图的内容。
- 熟悉零件图的视图选择原则和典型零件的表达方法。
- 掌握公差与配合、表面结构要求的选择与标注及零件图的尺寸标注。
- 掌握读零件图的方法与步骤。
- 掌握测绘零件的方法与步骤。

【素质目标】

- 培养按照国家标准进行设计的能力。
- 培养绘制规范、标准图样的能力。

任务一　认识零件图的组成

【知识准备】

一、零件图的作用和内容

零件是构成机器或部件的基本单元。零件图是生产中重要的技术文件，是准备、制造及检验零件的依据。

在生产过程中，首先根据零件的材料和数量进行备料，然后按图样中所表达的零件结构、大小及技术要求进行加工，最后根据图样的全部要求进行检验。

一张完整的零件图应包括以下内容。

- 一组图形：根据机械制图国家标准，采用视图、剖视图、断面图及局部放大图等方法表示零件的结构。
- 足够的尺寸：正确、完整、清晰并尽可能合理地确定出零件各部分的结构。
- 技术要求：用规定的代号、数字、字母或文字注释说明零件在制造、检验时应达到的各项质量指标，如表面结构、尺寸公差、几何公差及热处理要求等。
- 标题栏：说明零件的名称、件数、材料、比例、图号，设计、制图、校核人员的签名及日期等各项内容。

二、零件图的尺寸标注

1. 零件图尺寸基准的选择

尺寸是加工与检验零件的依据。尺寸标注既要符合零件的设计性能要求，又要满足工艺要求，以便于加工和检测。标注零件尺寸时应达到4项要求：正确、完整、清晰及合理。

微课

零件图的构成和
用途

标注和测量尺寸的起点称为尺寸基准。基准的选择是根据零件在机器中的位置与作用、加工过程中的定位、测量等要求来考虑的。

（1）设计基准。设计基准是设计时用以确定零件在部件中位置的基准。例如，用来确定零件在机器中相对位置的接触面、对称面及回转面的轴线等。

如图 7-2 所示的轴承架，在机器中是用接触面 I 、III 和对称面 II 来定位的，以保证轴孔 $\phi 20^{+0.033}_{0}$ 的轴线与另一侧对称位置上轴孔的轴线在同一条直线上。因此，上述 3 个平面是轴承架的设计基准。

（2）工艺基准。工艺基准常用于确定零件在机床上加工时的装夹位置或用于测量零件尺寸。

如图 7-3 所示的轴套，在车床上加工时，用其左端的大圆柱面来定位；而测量轴向尺寸 a 、

b、c 时，则以右端面为起点，因此这两个面都是工艺基准。

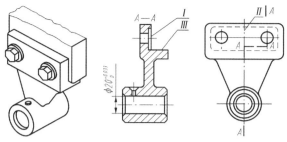

（a）轴承架的安装方法　　　（b）轴承架的设计基准

图 7-2　轴承架的设计基准

图 7-3　轴套的工艺基准

提示　从设计基准出发标注尺寸，能保证设计要求；从工艺基准出发标注尺寸，则便于加工和测量。因此，最好使工艺基准和设计基准重合。当设计基准和工艺基准不重合时，所标注尺寸应在保证设计要求的前提下满足工艺要求。

2. 尺寸标注的形式

由于零件的设计、工艺要求不同，因此尺寸基准的选择也不尽相同。零件图上的尺寸标注形式主要有以下 3 种。

微课

尺寸基准的选择及案例

（1）链式尺寸。把同一方向的一组尺寸依次首尾相接形成的尺寸，称为链式尺寸，如图 7-4（a）所示。

优点：能保证每一段尺寸的精度要求，前一段尺寸的加工误差不影响后一段。

缺点：各段的尺寸误差累积在总体尺寸上，总体尺寸的精度得不到保证。

在机械制造业中，链式尺寸常用于标注中心之间的距离、阶梯状零件中尺寸要求十分精确的各段及用组合刀具加工的零件。

（2）坐标式尺寸。对同一方向的一组尺寸从同一基准出发进行标注形成的尺寸，称为坐标式尺寸，如图 7-4（b）所示。

优点：各段尺寸的加工精度只取决于本段的加工误差，不会产生累积误差。

当需要从一个基准定出一组精确的尺寸时经常采用这种方法。

（3）综合式尺寸。综合式尺寸具有链式尺寸和坐标式尺寸的优点，能适应零件的设计要求和工艺要求，是十分常用的一种标注形式，如图 7-4（c）所示。

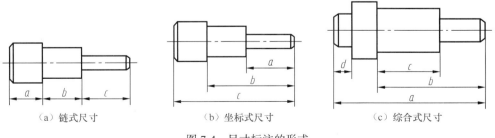

（a）链式尺寸　　　　　　（b）坐标式尺寸　　　　　　（c）综合式尺寸

图 7-4　尺寸标注的形式

设计中单纯采用链式或坐标式标注尺寸是极少见的，用得最多的是综合式标注尺寸。

3. 尺寸标注的注意事项

在零件图上标注尺寸时，应注意以下内容。

（1）重要尺寸必须直接标出，以保证设计要求。影响部件或机器性能的尺寸、有配合要求的尺寸、确定零件在部件中准确位置的尺寸、重要的结构尺寸及安装尺寸等均属于主要尺寸。如图 7-5 所示，中心距 L_1、中心高 H_1 是主要尺寸，不能由计算间接得到，否则会产生累积误差。

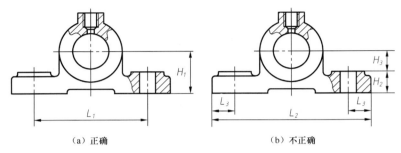

（a）正确　　　　　　　　　　　（b）不正确

图 7-5　重要尺寸直接标出

（2）不要将尺寸注成封闭的尺寸链。封闭尺寸链是指尺寸线首尾相接，绕成一整圈的一组尺寸。如图 7-6（a）所示的阶梯轴，总长尺寸 A 与各轴段的长度尺寸 B、C、D 就构成了一个封闭尺寸链。这种情况应该避免，因为尺寸链中任意一段尺寸的位置误差，都等于其他各尺寸误差之和，而要同时满足各尺寸精度的要求是不可能的。因此，在标注尺寸时，应选择不重要的轴段空出不标注，以保证其他重要尺寸的精度，如图 7-6（b）所示。

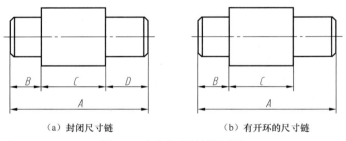

（a）封闭尺寸链　　　　　　　　（b）有开环的尺寸链

图 7-6　避免注成封闭尺寸链

（3）尽量按加工顺序标注尺寸。图 7-7 所示为一轴的尺寸标注，图 7-8 所示为该轴的加工顺序，由于先车退刀槽后车外圆及倒角，因此应该把退刀槽的尺寸标注出来。

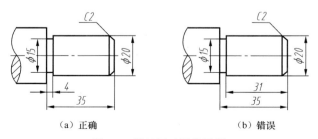

（a）正确　　　　　　　　　　　（b）错误

图 7-7　轴的尺寸标注示例

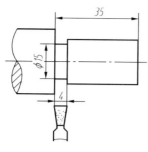
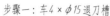

步骤一：车4×ϕ15退刀槽

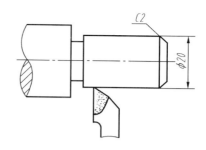

步骤二：车ϕ20外圆及倒角

图 7-8　轴的加工顺序

（4）尺寸标注要便于检验和测量。尺寸标注不仅要符合零件加工的要求，而且在制造过程中应便于测量。

如图 7-9（b）所示的尺寸标注方式难以测量准确，所以尺寸标注不合理，应改为图 7-9（a）所示的尺寸标注方式。图 7-10（a）、图 7-10（b）所示为键槽深度尺寸合理与不合理标注的对比。

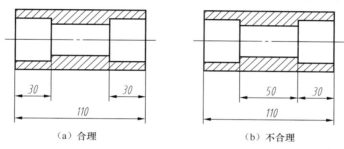

图 7-9　阶梯孔尺寸标注

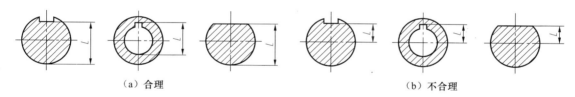

图 7-10　键槽深度尺寸标注

4. 孔的尺寸标注

孔或孔组是机械中常见的结构，标注时需遵循统一的规定，具体如表 7-1 所示。

表 7-1　　　　　　　　　　　　　　　　孔的尺寸标注

结构类型		尺　寸　标　注	说　　明
螺孔	不通孔	3×M6-7H▼18　　3×M6-7H▼18　　3×M6-7H	3×M6▼18 表示螺纹公称直径为 6 mm 的 3 个螺纹孔，攻丝深度为 18 mm
	通孔	3×M6-7H　　3×M6-7H　　3×M6-7H	3×M6 表示螺纹公称直径为 6 mm 的 3 个螺纹通孔

续表

结构类型		尺 寸 标 注	说　明
光孔	圆柱孔	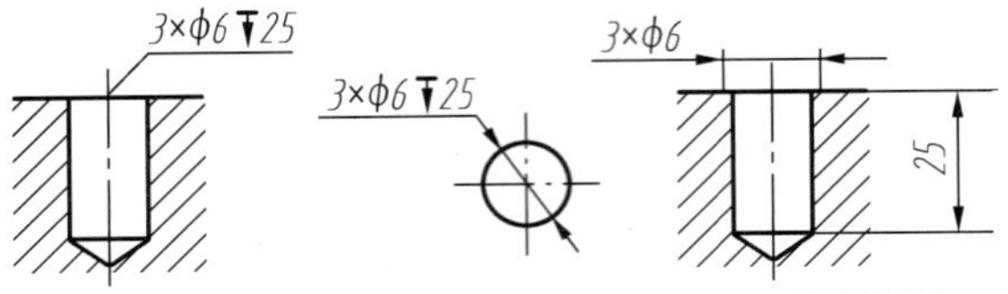 3×φ6▼25　　3×φ6▼25　　3×φ6　25	3×φ6▼25 表示直径为 6 mm 的 3 个圆柱孔，钻孔深度为 25 mm
	圆锥孔	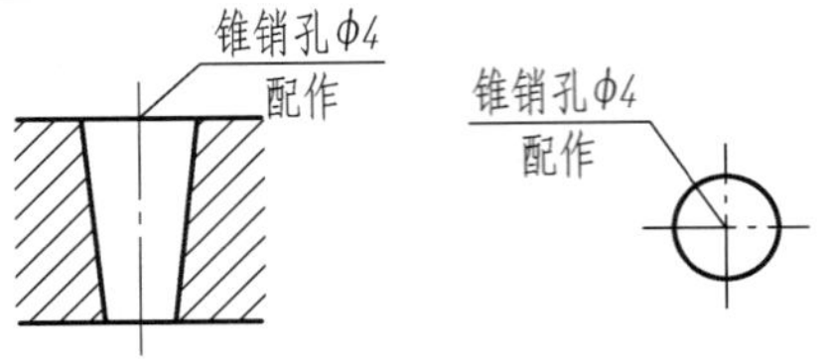 锥销孔φ4 配作　　锥销孔φ4 配作	锥销孔φ4 表示销孔小端孔直径为 4 mm
沉孔	锥形沉孔	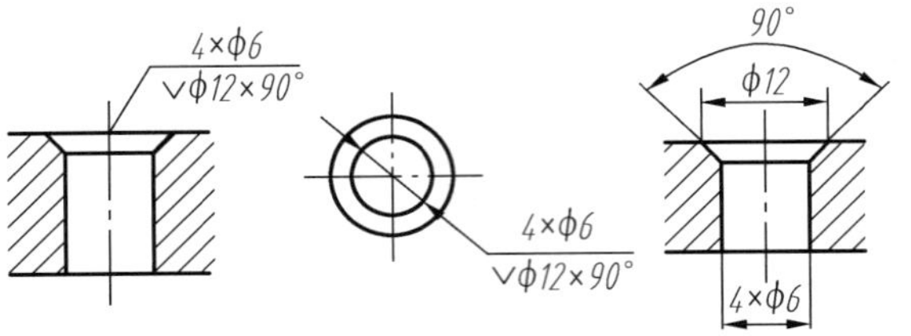 4×φ6 ∨φ12×90°　　4×φ6 ∨φ12×90°　　90° φ12 4×φ6	锥形沉孔的直径为 12 mm，锥角为 90°
	圆柱沉孔	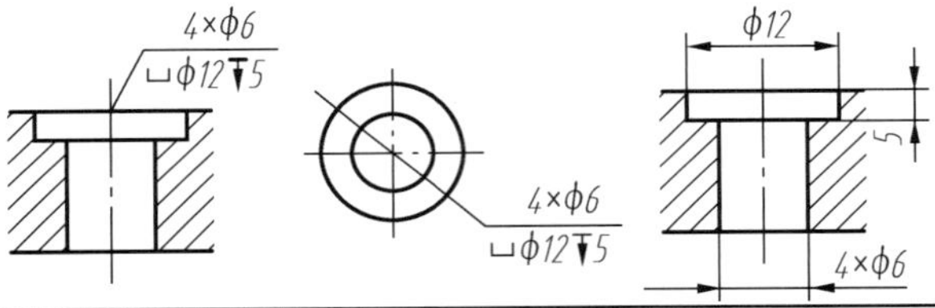 4×φ6 ⨆φ12▼5　　4×φ6 ⨆φ12▼5　　φ12 5 4×φ6	圆柱沉孔的直径为 12 mm，深度为 5 mm

"▼"表示孔深，"⨆"表示沉孔或锪孔，"∨"表示锥形沉孔。

三、零件表面结构表示法

加工零件时，零件和刀具之间的运动和摩擦、机床的振动及零件的塑性变形等，常导致零件的表面存在许多微观高低不平的峰和谷，如图 7-11 所示。

1. 零件表面结构的内容

零件表面结构要求包括粗糙度、波纹度、原始轮廓等参数。国家标准 GB/T 131—2006、GB/T 3505—2009 等规定了零件表面

图 7-11　零件表面的不平分布

结构的表示法，涉及表面结构的轮廓参数是 R 轮廓（粗糙度参数）、W 轮廓（波纹度参数）和 P 轮廓（原始轮廓参数）。

表面结构对零件的配合、耐磨性、抗腐蚀性、密封性和外观都有影响。应根据机器的性能要求，恰当地选择表面结构参数及数值。

2. 表面结构的 R 轮廓参数简介

表面结构的 R 轮廓参数名称及代号如表 7-2 所示。

表 7-2　　　　　　　　　　　表面结构的 R 轮廓参数名称及代号

参 数		代 号	参 数		代 号
峰谷值	最大轮廓峰高	Rp	平均值	评定轮廓的算术平均偏差	Ra
	最大轮廓谷深	Rv		评定轮廓的均方根偏差	Rq
	轮廓的最大高度	Rz		评定轮廓的偏斜度	Rsk
	轮廓单元的平均线高度	Rc		评定轮廓的陡度	Rku
	轮廓的总高度	Rt			

生产中常用的评定参数为 Ra（轮廓的算术平均偏差）、Rz（轮廓的最大高度），数值越小，表面越平整光滑；反之，则越粗糙。表 7-3 列出了 Ra 数值、对应的加工方法及应用举例。

表 7-3　　　　　　　　　　　Ra 数值、加工方法及应用举例

$Ra/\mu m$	加 工 方 法	应 用 举 例
50 25 12.5	粗车、粗铣、粗刨及钻孔等	不重要的接触面或不接触面，如凸台顶面、穿入螺纹紧固件的光孔表面
6.3 3.2 1.6	精车、精铣、精刨及铰钻等	较重要的接触面、转动和滑动速度不高的配合面和接触面，如轴套、齿轮端面、键及键槽工作面
0.8 0.4 0.2	精铰、磨削、抛光等	要求较高的接触面、转动和滑动速度较高的配合面和接触面，如齿轮工作面、导轨表面、主轴轴颈表面及销孔表面
0.1 0.05 0.025 0.012 0.008	研磨、超级精密加工等	要求密封性能较好的表面、转动和滑动速度极高的表面，如精密量具表面、气缸内表面、活塞环表面及精密机床的主轴轴颈表面等

3. 表面结构的图形符号与代号

在产品的技术文件中对表面结构的要求可以用几种不同的图形符号表示，每种符号都有特定的意义。

（1）表面结构的图形符号。基本图形符号由两条不等长的与标注面成 60° 夹角的线段构成，其画法如图 7-12（a）所示。图 7-12（b）所示符号水平线的长度取决于其上下所标注内容的长度。表面结构图形符号的尺寸如表 7-4 所示。表面结构图形符号的名称及含义如表 7-5 所示。

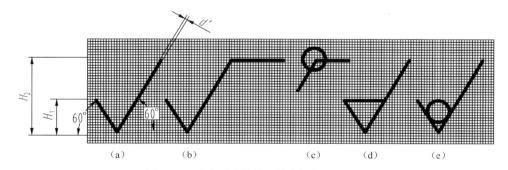

图 7-12　基本图形符号及其附加部分的画法

表 7-4   表面结构图形符号的尺寸

数字与字母的高度 h/mm	2.5	3.5	5	7	10	14	20
符号宽度 d'/mm 字母线宽	0.25	0.35	0.5	0.7	1	1.4	2
高度 H_1/mm	3.5	5	7	10	14	20	28
高度 H_2（最小值）/mm	7.5	10.5	15	21	30	42	60

表 7-5   表面结构图形符号的名称及含义

符 号	名 称	含 义
√	基本图形符号	未指定加工方法的表面，当通过注释时可以单独使用
√	扩展图形符号	用去除材料的方法获得的表面，仅当其含义为"被加工表面"时可以单独使用
√		用不去除材料的方法获得的表面，也可以用于保持上一道工序形成的表面，不管这种状况是通过去除材料还是不去除材料形成的
√√√	完整图形符号	对基本图形符号和扩展图形符号的扩充，用于对表面结构有补充要求的标注
√√√		表示在图样的某个视图上构成封闭轮廓的各表面有相同的表面结构要求
$\underset{e\ \underset{d\ \ b}{\swarrow}}{\overset{c}{\underset{a}{}}}$	补充要求的注写	位置 a：注写表面结构的单一要求。 位置 a 和 b：注写两个或多个要求。 位置 c：注写加工方法。 位置 d：注写表面纹理和方向。 位置 e：注写加工余量

（2）表面结构代号。表面结构代号包括图形符号、参数代号及相应的数值等其他有关规定。GB/T 131—2006 规定了特征参数 Ra 的代号标注，如表 7-6 所示。

表 7-6 Ra 的代号标注

代 号	意 义	代 号	意 义
√ $Ra\ 3.2$	用任何方法获得的表面粗糙度，Ra 的上限值为 3.2 μm	√ $Ra\ 3.2max$ $Ra\ 1.6min$	用去除材料的方法获得的表面粗糙度，Ra 的最大值为 3.2 μm、最小值为 1.6 μm
√ $Ra\ 3.2$	用去除材料的方法获得的表面粗糙度，Ra 的上限值为 3.2 μm	√ 2.5	取样长度为 2.5 mm，若按标准选用，则在图样上可以省略标注
√ $Ra\ 3.2$	用不去除材料的方法获得的表面粗糙度，Ra 的上限值为 3.2 μm	√ $Sm0.05$	其他评定参数的注法
√ $Ra\ 3.2$ $Ra\ 1.6$	用去除材料的方法获得的表面粗糙度，Ra 的上限值为 3.2 μm，Ra 的下限值为 1.6 μm	√ 铣	加工方法规定为铣削

4. 表面结构的文本表示

文本中用图形符号表示表面结构比较麻烦，因此国家标准规定允许用文字表示表面结构要求，如表 7-7 所示。

表 7-7　　　　　　　　　　　　　　　　表面结构的文本表示

序　号	代　号	含　义	标 注 示 例
1	APA	允许用任何工艺获得	APA*Ra*0.8
2	MRR	允许用去除材料的方法获得	MRR*Ra*0.8
3	NMR	允许用不去除材料的方法获得	NMR*Ra*0.8

5. 表面结构要求在图样上的标注规范

要求一个表面一般只标注一次，并尽可能标注在相应的尺寸及其公差的同一视图上。除非另有说明，所标注的表面结构要求是对完工零件表面的要求。标注示例如表 7-8 所示。

表 7-8　　　　　　　　　　　　　　　　表面结构要求标注示例

序　号	标 注 规 则	标 注 示 例
1	表面结构的注写和读取方向与尺寸的注写和读取方向一致	
2	表面结构要求可以标注在轮廓线上，其符号应从材料外指向并接触材料表面	
3	可以用带箭头或黑点的指引线引出标注	
4	在不引起误解的前提下，表面结构要求可以标注在给定的尺寸线上	
5	表面结构要求可以标注在几何公差框格的上方	
6	表面结构要求可以直接标注在延长线上	

续表

序　号	标 注 规 则	标 注 示 例
7	有相同表面结构要求的简化注法： ① 在圆括号内给出无任何其他标注的基本符号； ② 在圆括号内给出不同的表面结构要求	
8	多个表面有共同要求的注法： ① 用带字母的完整符号的简化注法； ② 只用表面结构符号的简化注法	

四、公差与配合

微课

表面粗糙度标注及案例

公差与配合是零件图和装配图中的一项重要的技术要求，也是产品检验的技术指标。它们的应用几乎涉及国民经济的各个方面，对机械工业更具有重要的作用。

1. 零件的互换性

从一批相同的零件中任取一件，不经修配就能立即装到机器上并能保证使用要求，这种性质称为互换性。显然，机械零件具有互换性，既能满足各生产部门广泛协作的要求，又能进行高效率的专业化生产。

2. 配合制

配合是相结合的孔、轴之间的关系。国家标准规定了两种基准制：基孔制和基轴制。

（1）基孔制。基孔制是基本偏差为一定的孔的公差带与不同基本偏差的轴的公差带形成的各种配合。基孔制的孔为基准孔，基本偏差代号为 H。图 7-13 所示为采用基孔制得到的各种配合。

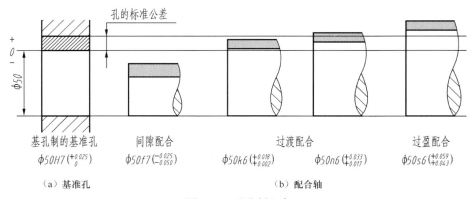

图 7-13　基孔制配合

（2）基轴制。基轴制是基本偏差为一定的轴的公差带与不同基本偏差的孔的公差带形成的各种配合。基轴制的轴为基准轴，基本偏差代号为 h。图 7-14 所示为采用基轴制得到的各种配合。

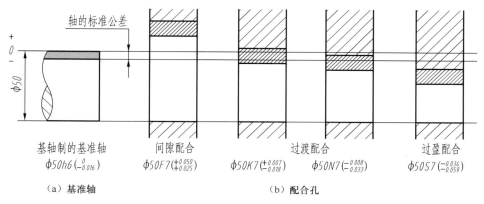

图 7-14　基轴制配合

3. 配合代号及其在图样上的标注

在装配图上常需要标注配合代号。配合代号由形成配合的孔、轴公差带代号组成，在基本尺寸右边写成分数的形式，分子为孔的公差带代号，分母为轴的公差带代号，其标注形式如图 7-15（a）～图 7-15（c）所示。有时也采用极限偏差的形式标注，如图 7-15（d）所示。与轴承相配合的轴承内外圈的公差带代号不写，标注如图 7-15（e）所示。

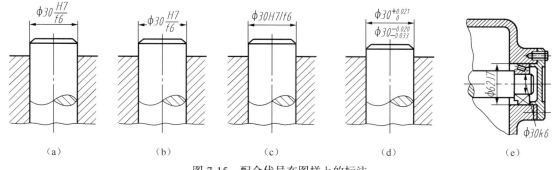

图 7-15　配合代号在图样上的标注

4. 尺寸公差在零件图中的标注

尺寸公差在零件图中的标注有以下 3 种形式。

（1）标注公称尺寸和公差带代号，如 $\phi30H8$、$\phi30f7$，如图 7-16（a）所示，适用于大批量生产。

（2）标注公称尺寸及上极限偏差、下极限偏差，如 $\phi30^{+0.033}_{0}$、$\phi30^{+0.020}_{-0.041}$，如图 7-16（b）所示，适用于单件小批量生产。

（3）标注公称尺寸，同时标注公差带代号及上极限偏差、下极限偏差，偏差数值标注在尺寸公差带代号之后，并加圆括号，如 $\phi30H8(^{+0.033}_{0})$、$\phi30f7(^{+0.020}_{-0.041})$，如图 7-16（c）所示，适用于批量不定的情况。

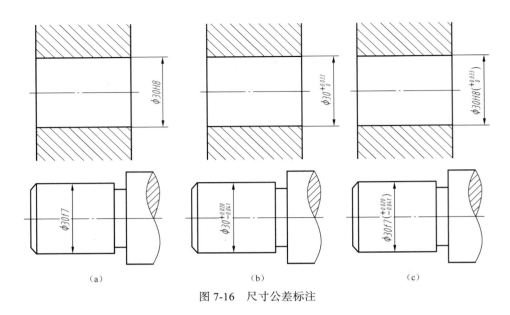

（a）　　　　　　　　　　（b）　　　　　　　　　　（c）

图 7-16　尺寸公差标注

五、几何公差

1. 几何公差的种类和符号

在机器中对某些精度要求较高的零件不仅要保证其尺寸公差，还要保证其几何公差。

几何公差包括形状公差、方向公差、位置公差和跳动公差。国家标准 GB/T 1182—2018 规定了几何公差的标注方式。几何公差特征符号如表 7-9 所示。

表 7-9　　　　　　　　　　　　　几何公差特征符号

公 差 分 类	几 何 特 征	符　　号	有 无 基 准
形状公差	直线度	——	无
	平面度	▱	无
	圆度	○	无
	圆柱度	⌭	无
	线轮廓度	⌒	无
	面轮廓度	⌓	无
方向公差	平行度	//	有
	垂直度	⊥	有
	倾斜度	∠	有
	线轮廓度	⌒	有
	面轮廓度	⌓	有
位置公差	位置度	⊕	有或无
	同心度（用于中心点）	◎	有

续表

公差分类	几何特征	符号	有无基准
位置公差	同轴度（用于轴线）	◎	有
	对称度	≡	有
	线轮廓度	⌒	有
	面轮廓度	⌓	有
跳动公差	圆跳动	↗	有
	全跳动	⌰	有

2. 几何公差的标注

几何公差的标注包含以下内容。

（1）几何公差框格。几何公差要求注写在划分成两格或多格的矩形框内。各格自左至右依次标注以下内容。

- 几何特征符号。
- 公差值。如果公差带为圆形或圆柱形，公差值前应加注符号"ϕ"；如果公差带为球形，公差值前应加注"$S\phi$"。
- 基准。用一个字母或几个字母表示基准体系或公共基准。

图 7-17 所示为几何公差框格的几种情况。

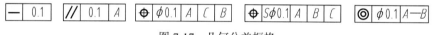

图 7-17　几何公差框格

（2）被测要素。当被测要素为线或表面时，指引线箭头应指在该要素的轮廓线或其延长线上，并应明显地与该要素的尺寸线错开，如图 7-18 所示。

图 7-18　被测要素为线或表面

 当被测要素为轴线、球心或中心平面时，指引箭头应与该要素的尺寸线对齐，如图 7-19 所示。当被测要素相同且有不同公差项目时，可以把框格叠加在一起，如图 7-20 所示。

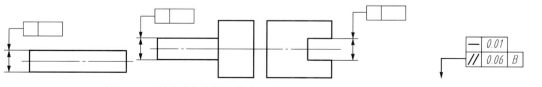

图 7-19　被测要素为轴线或中心平面时　　　图 7-20　标注多个几何公差

（3）基准要素。基准要素用基准符号表示，GB/T 1182—2018 规定的基准符号的画法如图 7-21

所示。当基准要素是轮廓线或轮廓面时，基准三角形放置在要素的轮廓线或其延长线上，与尺寸线明显错开，如图 7-22（a）所示。基准三角形也可以放置在该轮廓面引出线的水平线上，如图 7-22（b）所示。

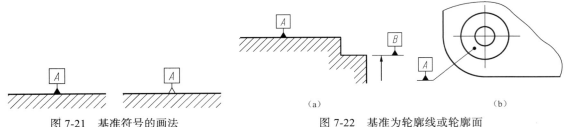

图 7-21　基准符号的画法　　　　　　　图 7-22　基准为轮廓线或轮廓面

　　当基准要素是确定的轴线、中心平面或中心点时，基准三角形应放置在该尺寸线的延长线上，如图 7-23 所示。如果没有足够的位置标注基准要素的两个尺寸箭头，那么其中一个箭头可以用基准三角形代替。

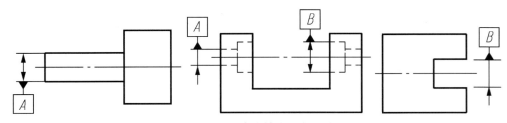

图 7-23　基准要素为轴线、中心平面时

六、零件工艺结构

零件的结构是根据它在机器中的作用来决定的。除了满足设计要求，还要考虑在零件加工、测量及装配过程中提出的一系列工艺要求，使零件具有合理的工艺结构。下面介绍一些常见的工艺结构。

微课

公差与配合标注及案例

1. 铸造工艺对结构的要求

（1）起模斜度和铸造圆角。在铸造零件毛坯时，为了便于在型腔中取出木模，一般沿着起模方向设计出起模斜度（通常为 1:20，约 3º），如图 7-24（a）所示。铸造零件的起模斜度在图中可以不画出、不标注，必要时可以在技术要求中用文字说明，如图 7-24（b）所示。

为便于铸件造型时起模，防止铁水冲坏转角处，冷却时产生缩孔和裂缝，将铸件的转角处制成圆角，此种圆角称为铸造圆角，如图 7-24（c）所示。圆角尺寸通常较小，一般为 $R2\sim R5$，在零件图上可以省略不画。圆角尺寸常在技术要求中统一说明，如"全部圆角 $R3$"或"未注圆角 $R4$"等，而不必一一在图样中注出，如图 7-24（b）所示。

（2）过渡线。由于铸件表面的转角处有圆角，因此其表面产生的交线不清晰。为了看图时便于区分不同的表面，在图中仍然画出理论上的交线，但两端不与轮廓线接触，此线称为过渡线。过渡线用细实线绘制。图 7-25 所示为两圆柱面相交的过渡线画法。

（3）铸件壁厚。铸件的壁厚不宜相差太大，如果壁厚不均匀，铁水冷却速率不同，会产生缩孔和裂纹，应采取措施避免，如图 7-26 所示。

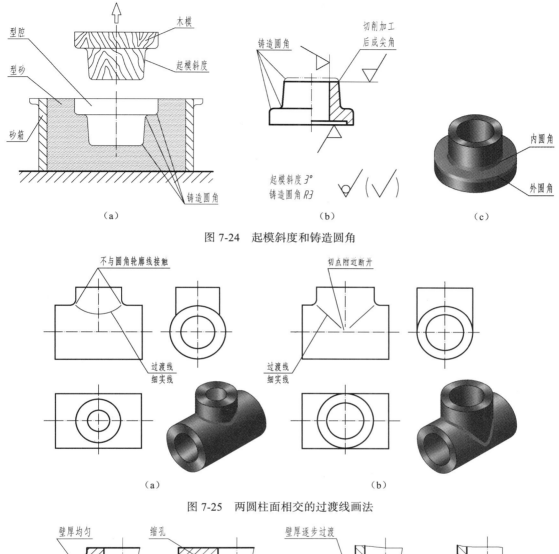

图 7-24　起模斜度和铸造圆角

图 7-25　两圆柱面相交的过渡线画法

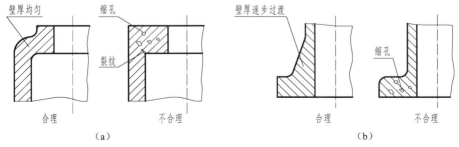

图 7-26　铸件壁厚的处理

2. 机械加工工艺结构

（1）倒角和倒圆。为便于零件的安装和安全，在轴或孔的端部一般都加工有倒角；为避免应力集中产生裂纹，在轴肩处往往加工有圆角过渡，称为倒圆。倒角和倒圆的标注如图 7-27 所示。

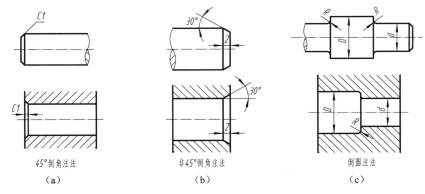

图 7-27　倒角与倒圆的标注

（2）退刀槽和砂轮越程槽。在车削内孔、车削螺纹和磨削零件表面时，为便于退出刀具或使砂轮可以稍越过加工面，常在待加工面的末端预先制出退刀槽或砂轮越程槽。退刀槽的尺寸可按"槽宽×槽深"或"槽宽×直径"的形式标注，如图 7-28（a）、图 7-28（b）所示。砂轮越程槽的尺寸可按"槽宽×槽深"的形式标注，如图 7-28（c）所示。

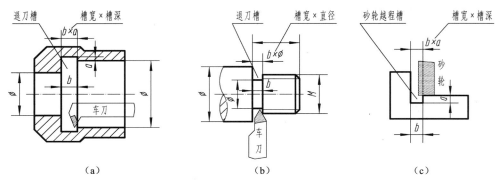

图 7-28　退刀槽和砂轮越程槽

（3）钻孔结构。为避免钻孔时钻头因单边受力产生偏斜，造成钻头折断，在孔的外端面应设计与钻头行进方向垂直的结构，如图 7-29 所示。

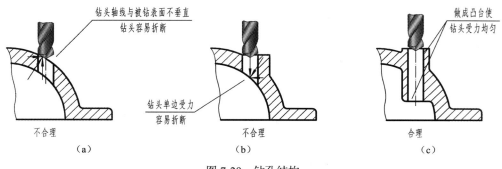

图 7-29　钻孔结构

（4）凸台和凹坑。为使零件的某些装配表面与相邻零件接触良好，也为了减小加工面积，常在零件加工面处做出凸台、锪平成凹坑和凹槽，如图 7-30 所示。

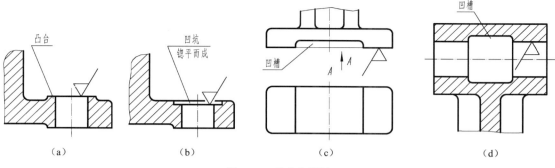

图 7-30　凸台和凹坑

微课

铸造工艺结构的
表达及案例

微课

机械加工工艺结构
的表达及案例

【任务实施】

【例 7-1】　识读图 7-31 所示各几何公差的含义。

图 7-31　几何公差读图示例

图 7-31 所示几何公差的含义如表 7-10 所示。

表 7-10　　　　　　　　　　综合标注示例说明

图　号	标 注 代 号	含　义
图 7-31（a）	↗ 0.015 B	表示 ϕ100h6 外圆柱面对 ϕ45H7 孔的轴心线的圆跳动公差为 0.015 mm
	○ 0.004	表示 ϕ100h6 外圆柱面的圆度公差为 0.004 mm
	// 0.01 A	表示机件右端面对左端面的平行度公差为 0.01 mm

续表

图 号	标注代号	含 义
图 7-31（b）	🗀 0.005	表示 ϕ16f8 圆柱面的圆柱度公差为 0.005 mm
	◎ ϕ0.1 A	表示 M8×1 螺孔的轴心线对 ϕ16f8 轴线的同轴度公差为 ϕ0.1
	↗ 0.03 A	表示 SR750 的球面对 ϕ16f8 轴线的圆跳动公差为 0.03 mm

任务二 识读零件图

【知识准备】

一、零件主视图的选择

主视图是表达零件结构和形状最重要的视图，选择主视图要考虑零件的安放位置和投影方向，需遵循以下原则。表 7-11 列出了主视图的选择示例。

1. 形状特征原则

以最能反映零件形状特征的方向进行投影。

表 7-11 　　　　　　　　　　　主视图选择示例

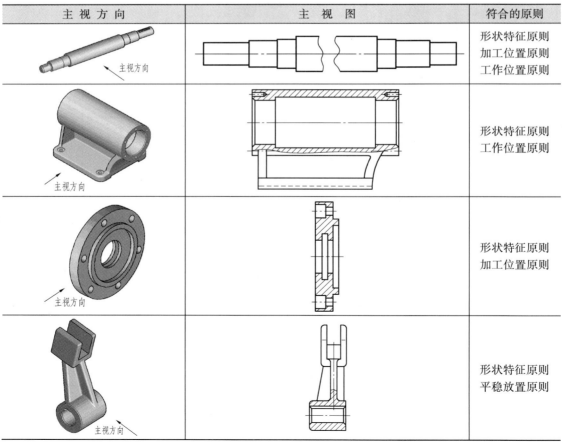

主 视 方 向	主 视 图	符合的原则
（主视方向）		形状特征原则 加工位置原则 工作位置原则
（主视方向）		形状特征原则 工作位置原则
（主视方向）		形状特征原则 加工位置原则
（主视方向）		形状特征原则 平稳放置原则

2. 加工位置原则

主视图应尽量表示零件在加工时所处的位置，以便于加工时读图。轴套类、盘盖类等主要由回转体组成的零件，其主要加工方法为车削和磨削，加工时工件轴线多处于水平位置，所以画这类零件的主视图时通常将轴线水平放置，如图 7-32 所示。

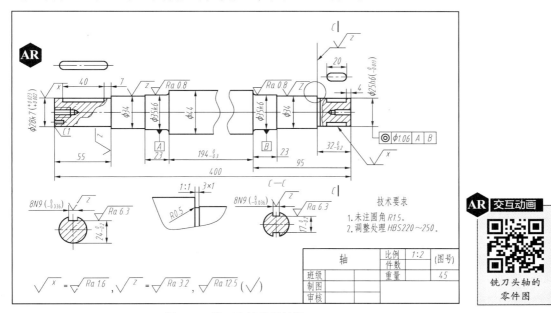

图 7-32　铣刀头轴的零件图

3. 工作位置原则

主视图应尽量表示零件在机器中的工作位置或安装位置。叉架类和箱体类零件形状复杂、加工工序多，一般按工作位置放置，并按形状特征原则选择主视方向。按工作位置画图，便于想象零件的工作情况。

4. 平稳放置原则

如果零件的工作位置是倾斜的或在机器中是运动的、无固定的工作位置，且加工工序较多、很难遵循工作位置原则和加工位置原则，那么将其平稳放置，并遵循形状特征原则选择主视图。

微课

零件主视图的选择
原则及案例

二、其他视图的选择

其他视图要根据零件的内外形状特征及主视图的表达而定。将主视图上未表达清楚的部分分散在其他视图中表达，使每个视图都有表达的重点，各视图相互补充、相互配合，并在充分表达零件结构的前提下尽量减少视图数量。

图 7-33 所示为微型叶片泵的泵盖零件图，其中主视图轴线水平放置，符合其在车床上的加工位置，并采用全剖视图；右视图主要反映该零件的外形轮廓及销孔、沉孔的分布；左视图反映该零件左端开的弧形槽，并用 C—C 剖视图表示槽深。

三、典型零件的表达方法

零件按照形状、作用可以分为轴类、盘类、叉架类及箱体类等，由于各类零件的形状特征及加工方法不同，因此视图选择也有所不同。

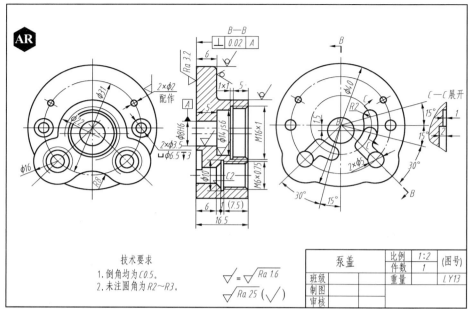

图 7-33　泵盖零件图

1. 轴类零件

（1）结构特点。轴的主体多数由几段直径不同的圆柱、圆锥体组成，构成阶梯状。轴上加工有键槽、螺纹、挡圈槽、倒角、退刀槽及中心孔等结构。为了传递动力，轴上装有齿轮、带轮等，利用键来连接，因此在轴上有键槽；为了防止齿轮轴向窜动，装有弹簧挡圈，故加工有挡圈槽；为了便于轴上各零件的安装，在轴端车有倒角；轴的中心孔是供加工时装夹和定位用的。设计这些局部结构主要是为了满足设计要求和工艺要求。

（2）常用的表达方法。为了加工时看图方便，轴类零件的主视图按加工位置选择，一般将轴线水平放置，垂直轴线方向作为主视图的投影方向，使它符合车削和磨削的加工位置，如图 7-34所示。在主视图上，清楚地反映了阶梯轴的各段形状及相对位置，也反映了轴上各种局部结构的轴向位置。轴上的局部结构一般采用断面图、局部剖视图、局部放大图及局部视图来表达。用移出断面图反映键槽的深度，用局部放大图表达挡圈槽的结构。

关于套类零件，主要结构仍由回转体组成，与轴类零件的不同之处在于套类零件是空心的，因此主视图多采用轴线水平放置的全剖视图表达。

2. 盘类零件

（1）结构特点。盘类零件的基本形状是扁平的盘状，主体部分是回转体，大部分是铸件，如各种齿轮、带轮、手轮、减速器中的端盖及齿轮泵的泵盖等都属于这类零件。盘类零件一般由轮毂、轮缘和轮辐 3 部分组成。轮毂部分是中空的圆柱体或圆锥体，孔内一般加工有键槽，用于与轴连接并传递动力；轮缘部分加工有轮槽或轮齿等结构，与外界相连传递动力；轮辐是连接轮毂与轮缘的部分，它可以制成辐条、辐板两种形式，为了减轻质量和便于装卸，辐板上常带有孔。

（2）常用的表达方法。根据盘类零件的结构特点，加工表面以车削为主，因此在表达这类零件时，其主视图经常是将轴线水平放置，并作全剖视图，如图 7-35 所示。主视图中清楚地反映了带轮轮毂、轮缘和轮辐 3 个组成部分的相对位置，同时表达了轮缘、轮毂的断面形状和轮辐的厚度。其他视图一般还需要一个左视图（这里采用的是一个局部视图），用它表达键槽的宽度和深度，同时便于标注键槽的尺寸。有些局部结构还常用移出断面图或局部放大图表达。

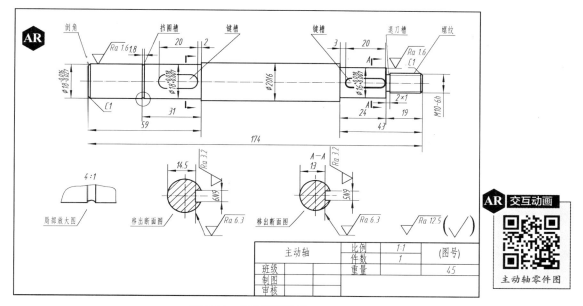

图 7-34　主动轴零件图

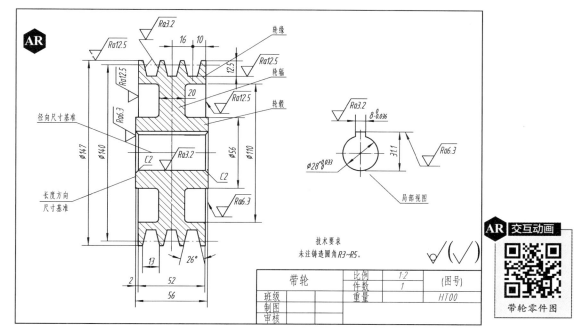

图 7-35　带轮零件图

3. 叉架类零件

（1）结构特点。叉架类零件包括拨叉、支架、连杆等零件。叉架类零件一般由 3 部分构成，即支撑部分、工作部分和连接部分。连接部分多采用肋板结构，且形状弯曲、扭斜的较多。支撑部分和工作部分的细小结构较多，如圆孔、螺孔、油槽及油孔等。这类零件多数形状不规则，结构比较复杂，毛坯多为铸件，需经多道工序加工制成。

（2）常用的表达方法。由于叉架类零件加工工序较多，其加工位置经常变化，因此选主视图时，主要考虑零件的形状特征和工作位置。叉架类零件常需要两个或两个以上的基本视图；为了表达零件上的弯曲或扭斜结构，还要选用斜视图、单一斜剖切面剖切的全剖视图、断面图、局部视图等表达方法。画图时，一般把零件主要轮廓布置在垂直或水平位置，如图 7-36 所示。拨叉的套筒凸出部分内部有孔，在主视图上采用局部剖视图表达较为合适，并用移出断面图表达肋板的断面形状。左视图着重表达了套筒、叉的形状和肋板结构的宽度。

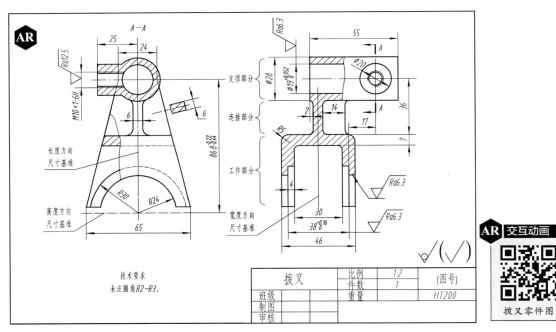

图 7-36　拨叉零件图

4. 箱体类零件

（1）结构特点。箱体类零件主要用来支撑和包容其他零件，其内外结构都比较复杂，一般为铸件，如泵体、阀体、减速器的箱体等都属于这类零件。

（2）常用的表达方法。由于箱体类零件形状复杂，加工工序较多，加工位置不尽相同，但箱体在机器中的工作位置是固定的，因此箱体的主视图常常按工作位置及形状特征来选择。为了清晰地表达内部结构，常采用剖视图的方法。图 7-37 所示为传动器箱体零件图，它采用了 3 个基本视图：主视图采用全剖视图，重点表达其内部结构；左视图内外兼顾，采用了半剖视图，并采用局部剖视图表达底板上安装孔的结构；A—A 剖视图既表达了底板的形状，又反映了连接支撑部分的断面形状，显然比俯视图的表达效果要好。

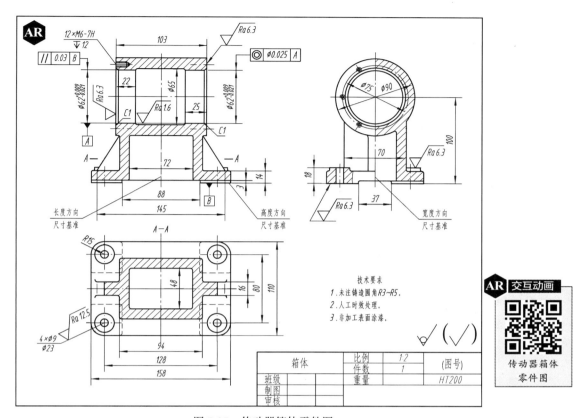

图 7-37　传动器箱体零件图

微课　　　　　　　　　　　　　　　　微课

综合案例 1——支座　　　　　　　综合案例 2——绘制
零件的表达　　　　　　　　　　　零件草图

四、零件图读图要领

识读零件图就是根据零件图分析想象出零件的结构，熟悉零件的尺寸和技术要求等，以便在加工制造时采取相应的技术措施，从而达到图样上的要求。

识读零件图的步骤如下。

（1）看标题栏，了解零件的名称、材料及绘图比例等内容。

（2）明确视图关系，找出主视图，分析各视图之间的投影关系及所采用的表达方法。

（3）分析视图，想象零件的结构。

（4）看尺寸标注和技术要求，明确各部位结构的尺寸，全面掌握质量指标。

虽然识读零件图的步骤都一样，但是不同类型的零件有不同的侧重点。

五、零件的测绘

零件图有两种：一是根据设计装配图拆画零件图，二是根据实物进行测绘得到。零件测绘就是依据实际零件徒手绘制零件草图（目测比例），测量并标注尺寸及技术要求，经整理画出零件图的过程。零件测绘是工程技术人员必须掌握的基本技能之一。

1. 零件测绘的方法和步骤

（1）了解和分析零件。了解零件的名称、用途、材料及其在机器或部件中的位置和作用。对零件的结构和制造方法进行分析了解，以便考虑选择零件表达方案和进行尺寸标注。

（2）确定表达方案。先根据零件的形状特征、加工位置、工作位置等情况选择主视图；再按零件内外结构特点选择其他视图和剖视图、断面图等表达方法。

图 7-38 所示零件为填料压盖，用来压紧填料，主要分为腰圆形板和圆筒两部分。选择其加工位置方向为主视方向，并采用全剖视图，用于表达填料压盖的轴向板厚、圆筒长度、3 个通孔等内外结构。选择"K 向"（右）视图，用于表达填料压盖的腰圆形板结构和3 个通孔的相对位置。

图 7-38　填料压盖轴测图

（3）画零件草图。目测比例，徒手画成的图，称为草图。零件草图是绘制零件图的依据，必要时还可以直接指导生产，因此它必须包括零件图的全部内容。

绘制零件草图的步骤如下。

① 布置视图，画出主视图、K 向视图的定位线，如图 7-39（a）所示。

② 目测比例，徒手画出主视图（全剖视图）和 K 向视图，如图 7-39（b）所示。

③ 画剖面线；选定尺寸基准，画出全部尺寸界线、尺寸线和箭头，如图 7-39（c）所示。

④ 测量并填写全部尺寸，标注各表面的表面粗糙度代号、确定尺寸公差；填写技术要求和标题栏，如图 7-39（d）所示。

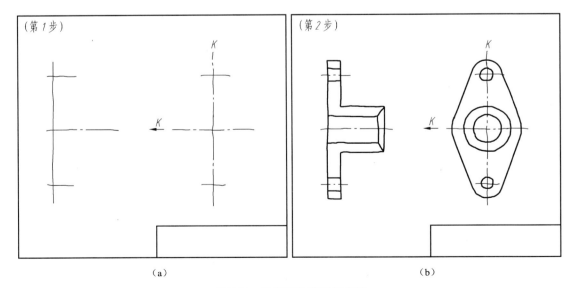

（a）　　　　　　　　　　　　　　　　（b）

图 7-39　绘制零件草图的步骤

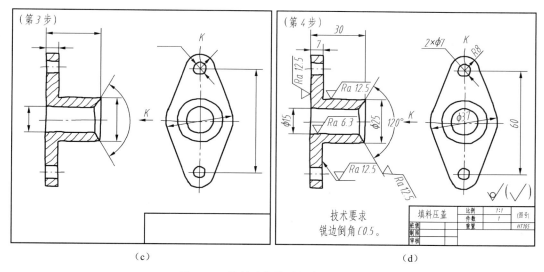

图 7-39　绘制零件草图的步骤（续）

（4）画零件图。对画好的零件草图进行复核，再根据草图绘制填料压盖的零件图。

2. 零件尺寸的测量方法

测量尺寸是测绘过程中的一个重要步骤，零件上全部尺寸的测量应集中进行，这样可以提高效率，避免错误和遗漏。

（1）测量线性尺寸。线性尺寸一般可以直接用钢直尺测量，如图 7-40（a）所示。必要时，也可以用三角板配合测量，如测量图 7-40（b）所示的 L_1、L_2。

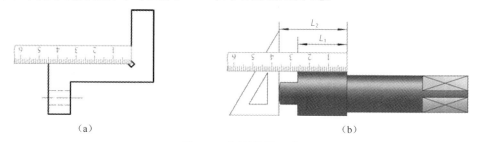

图 7-40　测量线性尺寸

（2）测量内外直径尺寸。外径用外卡钳测量，内径用内卡钳测量，再在钢直尺上读出数值，如测量图 7-41（a）所示的 D_1、D_2。测量时应注意，外（内）卡钳与回转面的接触点应是直径的两个端点。

精度要求较高的尺寸可以用游标卡尺测量，如图 7-41（b）所示的外径 D 和内径 d 的数值可以在游标卡尺上直接读出。

（3）测量壁厚。在无法直接测量壁厚时，可以把外卡钳和钢直尺合并使用，将测量分两次完成。如图 7-42（a）中测量 $B+X$，再用外卡钳和钢直尺测量 A，如图 7-42（b）所示，计算得出 $X=A-B$。如图 7-42（a）所示，分别测量 C 和 D，计算得出 $Y=C-D$。

（4）测量中心距。测量中心高时，一般可以用内卡钳配合钢直尺测量，图 7-43（a）所示孔的中心高 $H=A+d/2$；测量孔间距时，可以用外（内）卡钳配合钢直尺测量。在两孔的直径相等时，其中心距 $L=K+d$，如图 7-43（b）所示；在两孔的孔径不等时，其中心距 $L=K-(D+d)/2$，如图 7-43（c）所示。

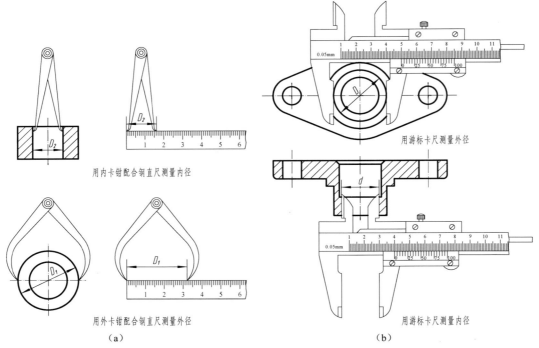

图 7-41　测量内外直径尺寸

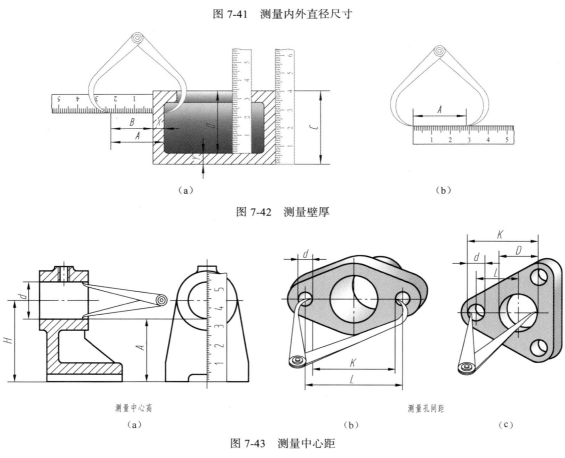

（5）测量圆角。测量圆角半径时，一般采用圆角规。在圆角规中找到与被测部分完全吻合的一片，从该片上的数值可知圆角半径的大小，如图 7-44 所示。

测量螺纹时，用游标卡尺测量大径，用螺纹规测得螺距；或者用钢直尺量取几个螺距后，取其平均值。如图 7-45 所示，用钢直尺测得的螺距 $P=L/6=1.75$，然后根据测得的大径和螺距，查对相应的螺纹标准，最后确定所测螺纹的规格。

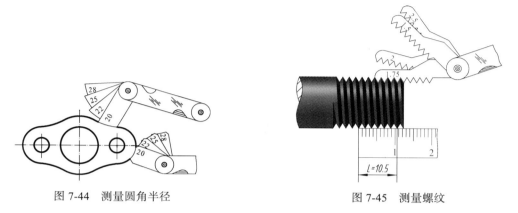

图 7-44　测量圆角半径　　　　　　　　　　　图 7-45　测量螺纹

3．零件测绘应注意的几个问题

零件测绘是一项比较复杂的工作，要认真对待每个环节，测绘时应注意以下几点。

（1）对于零件制造过程中产生的缺陷（如铸造时产生的缩孔、裂纹，以及该对称的不对称等）和使用过程中造成的磨损、变形等，画草图时应予以纠正。

（2）零件上的工艺结构，如倒角、倒圆、退刀槽等，虽小也应完整表达，不可忽略。

（3）严格检查尺寸是否遗漏或重复，相关零件尺寸是否协调，以保证顺利绘制零件图和装配图。

（4）对于零件上的标准结构要素，如螺纹、键槽、轮齿等的尺寸，以及与标准件配合或相关联结构（如轴承孔、螺栓孔、销孔等）的尺寸，应把测量结果与标准核对，圆整成标准数值。

【任务实施】

【例 7-2】　识读齿轮油泵轴的零件图。

通过对图 7-46 所示的齿轮油泵轴的轴测图的识读，了解识读轴套类零件图的方法。

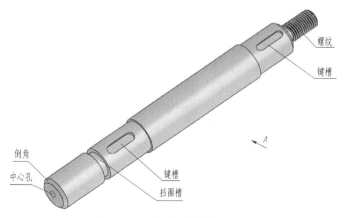

图 7-46　齿轮油泵轴的轴测图

识读步骤如下。

（1）总体认识零件。结合图 7-46 和图 7-47 分析可知，该零件的结构特点如下。

① 轴的主体由几段不同直径的圆柱体组成，构成阶梯状。

② 为了传递动力，轴上装有齿轮、带轮，利用键来连接，因此在轴上有键槽。

③ 为了防止齿轮轴向窜动，装有弹簧挡圈，故加工有挡圈槽。

④ 为了便于轴上各零件的安装，在轴端车有倒角。

⑤ 轴端的中心孔是供加工时装夹和定位用的。

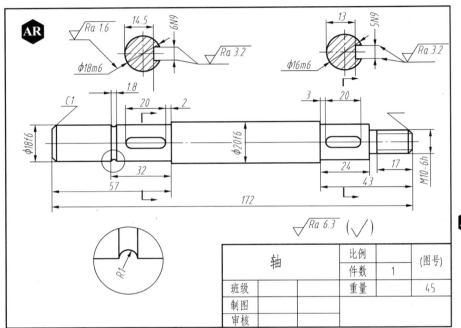

齿轮油泵轴的
零件图

图 7-47　齿轮油泵轴的零件图

（2）分析表达方案，搞清视图之间的关系。要看懂零件图并想象出零件形状，必须先分析表达方案，搞清各个视图之间的关系，具体应注意以下几点。

① 确定视图类别。确定主视图、基本视图、辅助视图及它们之间的投影关系。

② 对于向视图、局部视图、斜视图、断面图及局部放大图等，要根据其标注找出它们的表达部位和投影方向。对于剖视图，还要搞清楚其剖切位置、剖切面形式和剖开后的投影方向。

在本例中，采用了主视图、断面图及局部放大图 3 个基本视图。主视图采用零件横置，由前向后投影，并用移出断面图反映两个键槽的深度，用局部放大图表达挡圈槽的结构。

（3）分析形体，想象零件形状。在看懂视图关系的基础上，运用形体分析法和线面分析法分析零件的结构。从视图中形状、位置特征明显的部位入手，在其他视图上找出对应投影，分别想象出各组成部分的形状并将其加以综合，进而想象出整个零件的形状。

在本例中，零件右端有螺纹、键槽，左端有键槽和挡圈槽。

（4）分析尺寸。分析尺寸时，先分析零件轴向、径向两个方向上尺寸的主要基准，然后从基准出发，找出各组成部分的定形尺寸和定位尺寸，搞清哪些是主要尺寸。

本例中，在 ϕ18m6 处装有齿轮，为保证齿轮的正确啮合，以 ϕ18m6 处的右端面作为主要基准；为了方便测量，以轴的左、右端面作为辅助基准。各基准之间由尺寸 57 和 172 相联系。

（5）分析技术要求。对零件图上标注的各项技术要求，如表面粗糙度、极限偏差、几何公差及热处理等要逐项识读，尤其要分析清楚其含义，把握住对技术指标要求较高的部位和要素，以便保证零件的加工质量。

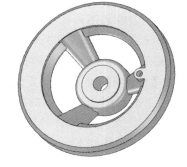

本例中，轴的配合尺寸 $\phi18m6$、$\phi18f6$、$\phi20f6$ 和 $\phi16m6$ 及保证齿轮、带轮在轴上装配的定位尺寸 32、57、24、43 和键槽尺寸都是功能尺寸。从所标注表面粗糙度的情况看，左端轴颈面的 Ra 上限值为 1.6 μm，在加工表面中要求是最高的。其他的技术要求自行分析。

【例 7-3】 识读手轮零件图。

下面以图 7-48 所示的手轮立体图为例说明盘盖类零件的读图方法。

识读步骤如下。

图 7-48　手轮立体图

（1）总体认识零件。结合图 7-48 所示的立体图和图 7-49 所示的零件图，大致了解该零件的结构特点。

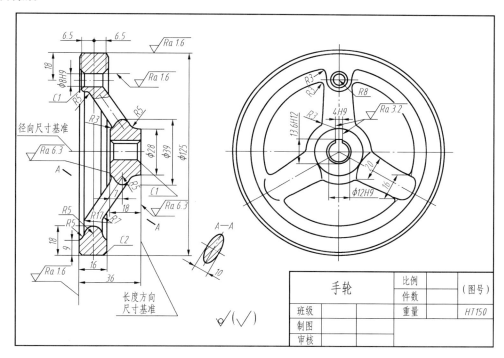

图 7-49　手轮的零件图

在本例中，零件由轮毂、轮缘及轮辐（或辐板）3 部分组成。

（2）分析表达方案，搞清视图之间的关系。该手轮采用了主视图、左视图两个基本视图。3 个轮辐呈辐射状均匀分布。在主视图上采用了局部剖视图，表达了零件的主要轮廓。左视图表达了手轮轮辐的数量、宽度及键槽的宽和深，并用 A—A 移出断面图表达了轮辐的断面形状。

（3）分析形体，想象零件形状。通过分析可知轮毂部分是中空的圆柱体，孔表面有键槽。轮缘部分加工有轮槽结构，与外界相连以传递动力。轮辐是轮毂与轮缘相连接的部分，制成辐条形式。

（4）分析尺寸。盘盖类零件的尺寸主要有径向尺寸和长度方向尺寸。径向尺寸以轴线为主要基准，而长度方向通常以端面为主要基准。轮毂与轮缘的直径 $\phi28$、$\phi125$ 及轮毂与轮缘的宽度 18、16 都是手轮的重要尺寸。

（5）分析技术要求。分析零件图上标注的各项技术要求。例如，$\phi12H9$ 表明该孔与其他零件的配合关系。从所注表面粗糙度的情况看，轮缘端面的 Ra 上限值为 1.6 μm，在加工表面中要求是最高的。其他的技术要求自行分析。

【例 7-4】 识读拨叉零件图。

下面以图 7-50 所示的拨叉零件为例，分析叉架类零件的读图方法。

识读步骤如下。

（1）总体认识零件。该拨叉零件的结构比较复杂，毛坯为铸件，经多道工序加工而成。

图 7-50 拨叉的轴测图

（2）分析表达方案，搞清视图之间的关系。如图 7-51 所示，零件采用了主视图、左视图两个基本视图。主视图反映了零件的主要轮廓。拨叉的套筒部分内部有孔，在主视图上用剖视图表达，但若用全剖视图，则不能表达清楚肋宽，故主视图采用局部剖视图。左视图着重表达叉、套筒的形状和弯杆的宽度，并用移出断面图表示弯杆断面形状。

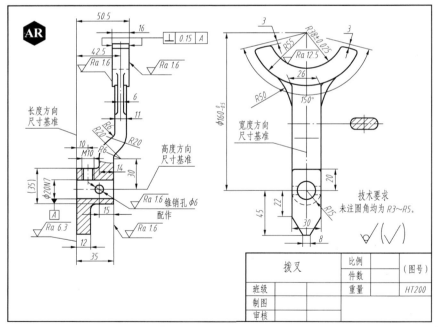

图 7-51 拨叉的零件图

（3）分析形体，想象零件形状。该拨叉零件由 3 部分构成，即支撑部分、工作部分和连接部分。连接部分是肋板结构且形状弯曲、扭斜。支撑部分和工作部分的细小结构也较多，如圆孔、螺孔、油槽及油孔等。

（4）分析尺寸。由于零件的形状不规则，通常按加工方便选择基准，以孔的轴线、零件的对称面和加工的端面作为尺寸基准。

在图 7-51 所示的拨叉零件图中，长度方向以主视图中套筒的左端面为主要基准，宽度方向以拨叉的对称面为主要基准，高度方向以套筒的轴线为主要基准。例如，拨叉零件的高度定位尺寸 $\phi160_{-0.5}^{0}$、长度定位尺寸 42.5、圆弧尺寸 $R38\pm0.025$、配合尺寸 $\phi20$ 及连接尺寸 M10 都是功能尺寸。又因为套筒轴线和叉两部分之间的相对位置最为关键，所以高度定位尺寸从高度基准标出，长度定位尺寸从长度基准标出，宽度方向以对称面为基准。

（5）分析技术要求。对零件图上标注的各项技术要求进行分析。例如，$\phi20N7$ 表明该孔与其他零件有配合关系。$\boxed{\perp\ 0.15\ A}$ 表明叉两侧面对轴套中心轴线的垂直度公差为 0.15mm。从所注表面粗糙度的情况看，锥销孔 $\phi6$ 孔表面、叉两侧面的 Ra 上限值为 1.6 μm，在加工表面中要求是最高的。其他技术要求自行分析。

【例 7-5】 识读缸体零件图。

下面通过图 7-52 所示的缸体轴测图说明箱体类零件的读图方法。

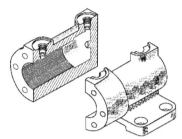

图 7-52　缸体轴测图

识读步骤如下。

（1）总体认识零件。通过图 7-53 所示零件图可知零件的名称为缸体，是内部为空腔的箱体类零件，材料为铸铁，绘图比例为 1:2，由此可见该缸体属于小型零件。

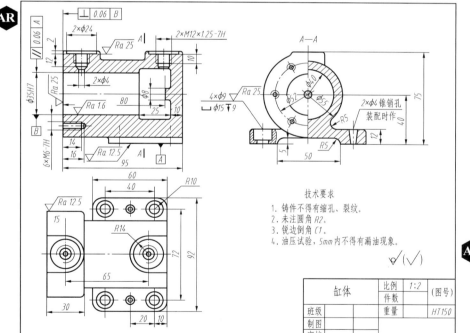

图 7-53　缸体的零件图

（2）分析表达方案，搞清视图之间的关系。缸体采用了主视图、俯视图、左视图 3 个基本视图。主视图采用全剖视图，用单一剖切平面（正平面）通过零件的前后对称面剖切，由前向后投影。其中，左端的 M6 螺孔并未剖到，是采用规定画法绘制的。左视图采用半剖视图，由单一剖切平面（侧平面）通过底板上销孔的轴线剖切，由左向右投射。其中，在半剖视图中又取了一个局部剖视图，以表示沉孔的结构；俯视图为外形图，由上向下投射。

（3）分析形体，想象零件形状。通过分析，可以大致将缸体分为 4 个组成部分。

① 直径为 70mm（可由左视图中的 40 判定）的圆柱形凸缘。

② 直径为 55mm 的圆柱。

③ 在两个圆柱上部各有一个凸台，经锪平又加工出了螺孔。

④ 带有凹坑的底板加工出 4 个供穿入内六角圆柱头螺钉固定缸体用的沉孔和 2 个安装定位用的圆锥销孔。

此外，主视图还清楚地表达了缸体的内部是直径不同的两个圆柱形空腔。各组成部分的相对位置在图中已表明清楚，就不一一赘述了。

（4）分析尺寸。从图 7-53 中可以看出，其长度方向以左端面为基准，宽度方向以缸体的前后对称面为基准，高度方向以底板的底面为基准。

从左视图可以看出缸体的中心高 40、俯视图中两个锥销孔轴线之间的距离 72、长度方向尺寸 20 及主视图中的尺寸 80 都是影响其工作性能的定位尺寸。为了保证其尺寸的准确度，它们都是从尺寸基准出发直接标注的。孔径 ϕ35H7 是配合尺寸。这些都是缸体的重要尺寸。

（5）分析技术要求。例如，ϕ35H7 表明该孔与其他零件之间有配合关系。经查表，其上极限偏差、下极限偏差分别为 +0.025 mm 和 0 mm（公差为 0.025 mm），偏差限定了该孔的实际尺寸必须在 35.025～35 mm。

$\boxed{// \mid 0.06 \mid A}$ 表明 ϕ35H7 孔的轴线对底板底面的垂直度公差为 0.06 mm，即该轴线必须位于距离为 0.06 mm 且垂直基准平面 B 的两平行平面之间。

$\boxed{\perp \mid 0.06 \mid B}$ 表明左端面与 ϕ35H7 孔轴线的垂直度公差为 0.06 mm，即被测的左端面必须位于距离为 0.06 mm 且垂直于基准轴线 C 的两平行平面之间。

从所注表面粗糙度的情况看，ϕ35H7 孔表面的 Ra 上限值为 1.6 μm，在加工表面中要求是最高的。其他的技术要求自行分析。

【综合实训】

【实训】 确定图 7-54 所示轴承支座零件的表达方案。

1. 结构分析和视图选择

如图 7-54（a）所示，支座主要由支撑套、支撑板和底板构成。其中需要表达的细部结构有支撑套上的均布光孔、顶部的螺孔，支撑板的断面形状，底板上的开口槽等。

在此基础上对零件进行表达方法的分析，选 K 向作为主视图方向，表达该支座的主要零件特征，并选用俯视图表达该支座底板的主要形状和支撑板的断面形状，选用左视图表达支撑套的长度和零件侧面的主要特征，且采用 B—B 剖视图表达肋板的断面形状，A—A 剖视图表达支撑套上的均布光孔、顶部螺孔的结构特点。

由此分析，该零件的表达方案如图 7-54（b）所示。

2. 布置图面

表达方案确定后即可进行图面布置。

3. 绘制各个视图

如图 7-54（b）所示，画出 3 个基本视图和 1 个局部视图。

4. 标注尺寸

标注尺寸时，首先确定尺寸基准，长度方向以对称面为主要基准，高度方向以底面为主要基准，宽度方向以 $\phi 72h8$ 的左端面为主要基准；然后画好尺寸线、尺寸界线和箭头；最后测量尺寸数值，并逐一标注在图上。

5．标注表面粗糙度和其他技术要求

继续在视图上完善标注，认真核查，修订和补充，结果如图 7-54（c）所示。

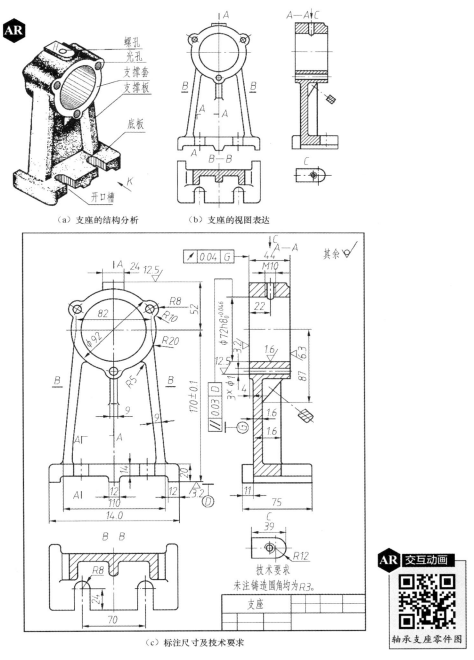

（a）支座的结构分析　　　　（b）支座的视图表达

（c）标注尺寸及技术要求

图 7-54　轴承支座零件图

【项目小结】

主视图的选择必须遵循 4 个原则，即形状特征原则、工作位置原则、加工位置原则和平稳放置原则。

回转体零件在确定主视图投射方向时主要依据加工位置原则，并将回转轴线水平放置于主视图中；非回转体零件在确定主视图投射方向时主要依据工作位置原则，并同时考虑形状特征原则。与组合体一样，零件的主视图应较明显地反映零件的主要结构和各组成部分的相对位置。

选择其他视图时，在完整、正确、清晰的前提下，图形应力求简明，且视图数目尽可能少。但视图的数目并不是评价表达方案质量的一个绝对标志，如果为了减少视图数目，而在一个视图上过多地采用局部剖视图造成图乱，还不如多几个简明的图形。

标注尺寸时必须正确地选择尺寸基准，基准的选择要满足设计和工艺要求。基准一般选择接触面、对称平面、轴线及中心线等。零件图上，设计所要求的重要尺寸必须直接注出，其他尺寸可按加工顺序、测量方便或形体分析进行标注。零件间配合部分的尺寸数值必须相同。此外，还要注意不要注成封闭尺寸链。

技术要求主要包括表面结构、尺寸公差、形状公差和位置公差、零件热处理和表面处理的说明，以及零件加工、检验、试验、材料等各项要求。

识读零件图的基本步骤：首先看标题栏，进行表达方案的分析；接着看视图，进行形体分析、线面分析和结构分析；然后看尺寸标注进行尺寸分析；最后进行工艺和技术要求的分析。

【思考题】

1. 简述零件图的作用和内容。
2. 零件图的视图选择原则是什么？怎样选定主视图？
3. 在零件图上标注尺寸的基本要求是什么？
4. 简述读零件图的基本步骤。

【综合演练】

1. 指出图 7-55 所示尺寸标注中的错误。

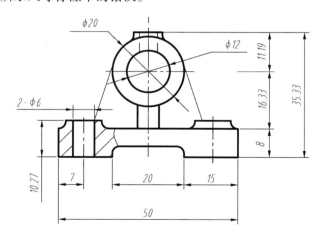

图 7-55　尺寸标注

2. 根据给定的表面 R 轮廓参数值，用代号标注在图 7-56 所示的视图上。

零件表面 R 轮廓参数值的要求如下。

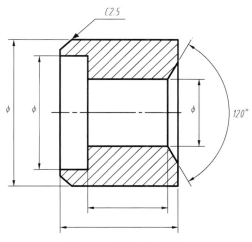

图 7-56　标注表面结构

（1）所有圆柱面 Ra 为 1.6 μm。

（2）倒角、圆锥面 Ra 为 6.3 μm。

（3）其余各平面 Ra 为 3.2 μm。

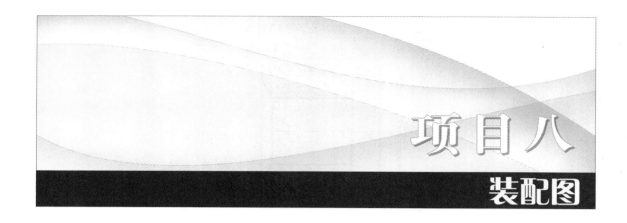

【项目导读】

　　一台机器通常由若干个零件装配而成，图 8-1 所示的减速器中就包含数十个零件，这些零件与零件之间具有相互的位置关系及安装的先后顺序。

图 8-1　减速器零件拆解图

　　机器制造完成后，该如何让用户了解这些信息呢？如何才能让用户对其进行正确的安装和使用呢？是否有一种图样能够包含机器的工作原理、结构性能及零件之间的装配关系呢？

【学习目标】

- 了解装配图的用途和内容。
- 掌握装配图的常用表达方法。
- 掌握装配图的尺寸标注技巧。
- 了解装配结构的合理性。
- 掌握读装配图的方法和步骤。
- 了解画装配图的方法和一般过程。
- 掌握部件测绘的方法和步骤。

【素质目标】

- 培养按照国家标准进行设计的能力。
- 培养绘制规范、标准图样的能力。

任务一 读装配图

【知识准备】

一、装配图的用途和内容

1. 装配图的用途

机器或部件都是由一定数量的零件根据机器的性能和工作原理按一定的技术要求装配在一起的，如图 8-2 所示。

（1）装配关系、装配体和装配图。机器或部件中各个零件之间具有一定的相对位置、连接方式、配合性质及装拆顺序等关系，这些关系统称为装配关系。

按装配关系装配成的机器或部件统称为装配体。

用来表达装配体结构的图样称为装配图。

（2）装配图的用途。装配图是生产中的重要技术文件，能够绘制和阅读装配图是工程技术人员必备的能力之一。

在产品设计、制造、装配、调试、检验、安装、使用和维修时，都需要装配图。设计产品时，一般先画出装配图，然后根据装配图设计零件图。零件制成后，要根据装配图进行组装、检验和调试。在使用阶段，零件可以根据装配图进行维修。

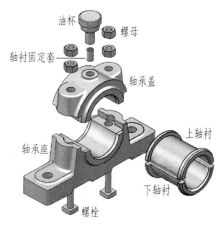

图 8-2　滑动轴承的结构

2. 装配图的内容

图 8-3 所示为铣刀头装配图，从该装配图中可以看到一张完整的装配图应包括以下 4 个方面的内容。

（1）一组图形。用一组图形正确、完整、清晰、简洁地表达装配体的工作原理，零件之间的装配、连接关系，主要零件的结构形状。

（2）必要的尺寸。装配图上应标注出反映机器或部件性能、规格、外形、装配、检验及安装时所必需的尺寸和其他一些重要尺寸。

（3）技术要求。在装配图的空白处（一般在标题栏、明细栏的上方或左面），用文字、符号等说明装配体的工作性能、装配要求、试验或使用等方面的有关条件或要求。

（4）序号、明细栏和标题栏。在装配图中，必须对每个零件编写序号，并在明细栏中列出零件序号、名称、数量及材料等。标题栏中写明装配体名称、绘图比例，以及设计、制图、审核人员的签名和日期等。

微课

装配图的构成和用途

二、装配图的表达方法

前文介绍的各种零件表达方法均适用于装配体的表达，如视图、剖视图、断面图及局部放大图等，和本项目的相同之处在于：都需要灵活选择视图和表达方法并找到正确合理的表达方案。

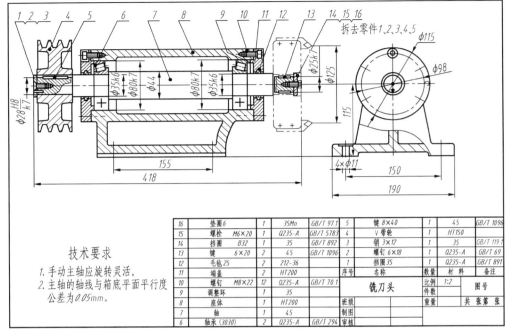

16	垫圈6	1	35Mn	GB/T 97.1	5	键8×40	1	45	GB/T 1096
15	螺栓 M6×20	1	Q235-A	GB/T 5783	4	V带轮	1	HT150	
14	挡圈 B32	1	35	GB/T 892	3	销3×12	1	35	GB/T 119.1
13	键 6×20	2	45	GB/T 1096	2	螺钉6×18	1	Q235-A	GB/T 69
12	毛毡25	2	212-36		1	挡圈35	1	Q235-A	GB/T 891
11	端盖	1	HT200		序号	名称	数量	材料	备注
10	螺钉 M8×22	12	Q235-A	GB/T 70.1		铣刀头	比例	1:2	图号
9	调整环	1	35				件数		
8	座体	1	HT200		班级		制图		
7	轴	1	45		制图		重量		共 张第 张
6	轴承(3030)	2	Q235-A	GB/T 294	审核				

技术要求

1. 手动主轴应旋转灵活。
2. 主轴的轴线与箱底平面平行度公差为0.05mm。

图 8-3　铣刀头装配图

由于装配图表达的重点与零件图不同，装配图还有规定画法、特殊画法及简化画法。

1．装配图的规定画法

（1）相邻两个零件的接触面和配合面只画一条线；非接触面不论其间隙多小，必须画出两条线。

（2）相邻两个零件的剖面线可以用方向相反、改变间距大小、错开等方法加以区别，但在同一张图上同一个零件在各个视图上的剖面线的方向、间距必须一致。

（3）零件厚度在 2 mm 以下时允许涂黑代替剖面线。

（4）对于螺栓、螺母、垫圈等紧固件及轴、手柄、连杆、球、键、销等实心零件，若按纵向剖切且剖切平面通过其对称平面或轴线，均按不剖绘制（不画剖面线）。但若需要反映这些零件上的凹坑、键槽、销孔等结构，需要用局部剖视图表示。

2．装配图的特殊画法

由于装配体在表达目标和用途上的特殊性，还可以采用以下特殊画法。

（1）拆卸画法。

在装配图中，沿某一方向出现零部件重叠影响表达效果（例如，某几个零件遮住了需要表达的装配关系和结构）时，可以假想将那几个零件拆卸掉，直接画需要表达的部分，并标注拆去××零件。图 8-3 所示铣刀头装配图中的左视图就是拆去零件 1、2、3、4、5 后画出的。

（2）沿结合面剖切画法。

假想沿某些零件的结合面剖切，画出剖视图以表达零件的内部结构，此时零件的结合面不画剖面线。图 8-4 所示为图 8-2 所示滑动轴承的装配图，图中俯视图的剖视图部分采用沿结合面剖切的画法，结合面不画剖面线，而剖到的螺钉断面应画剖面线。

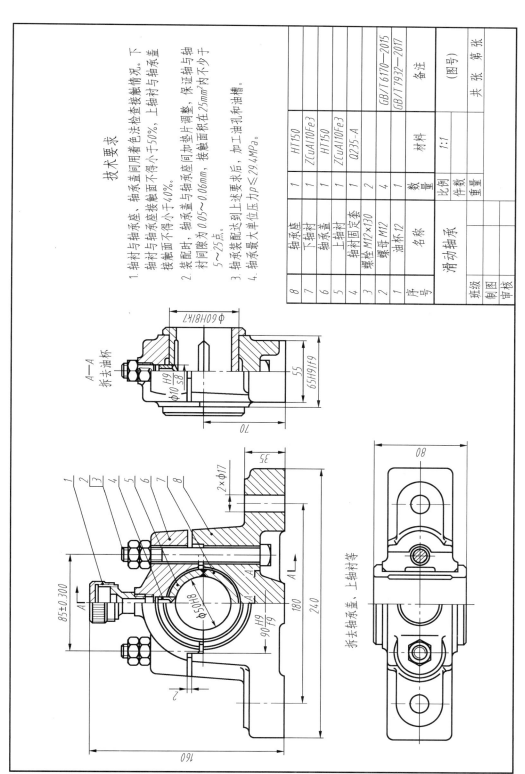

技术要求
1. 轴衬与轴承座、轴承盖间用着色法检查接触情况。下轴衬与轴承座接触面不得小于50%，上轴衬与轴承盖接触面不得小于40%。
2. 装配时，轴承盖与轴承座间加垫片调整，保证轴衬与轴衬间隙为 0.05~0.06mm，接触面积在25mm²内不少于5~25点。
3. 轴承装配达到上速要求后，加工油孔和油槽。
4. 轴承最大单位压力 p≤29.4MPa。

8	轴承座	1	HT150	
7	下轴衬	1	ZCuAl10Fe3	
6	轴承盖	1	HT150	
5	上轴衬	1	ZCuAl10Fe3	
4	轴衬固定套	1	Q235-A	
3	螺栓 M12×130	2		GB/T 6170—2015
2	螺母 M12	4		GB/T 7932—2017
1	油杯	1		
序号	名称	数量	材料	备注
滑动轴承		比例 1:1		(图号)
		件数		共 张 第 张
班级		重量		
制图				
审核				

A—A
拆去油杯

拆去轴承盖、上轴衬等

图 8-4 滑动轴承装配图

（3）假想画法。

假想画法用双点画线画出。假想画法有以下两个主要应用。

① 用来表示运动零件的运动范围和极限位置，如图 8-5 所示。

② 用来表示与本装配体有装配关系或安装关系而又不属于本装配体的相邻零部件，如图 8-3 所示的铣刀盘。

（4）夸大画法。

在装配图中，薄片零件、细丝弹簧、微小间隙及较小的锥度、斜度等若按实际尺寸很难画出或难以明确表示，均可以不按比例而将其适当夸大画出。

（5）展开画法。

当轮系的各轴线不在同一平面内时，为了表示传动路线和装配关系，可以假想沿传动路线上的各轴线顺序剖切，然后展开在一个平面上，画出其剖视图，并在剖视图上标注"A—A 展开"，如图 8-6 所示。

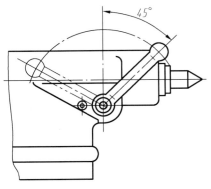

图 8-5 假想画法

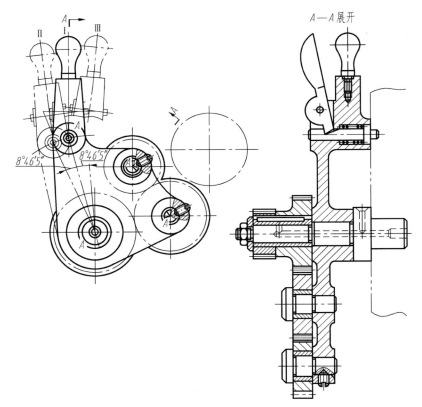

图 8-6 挂轮架展开画法

（6）单独表示某个零件的画法。

当某个零件的形状未表达清楚而影响对部件的工作情况、装配关系等的理解时，可以单独画出该零件的视图，但必须在该视图的上方标注视图名称，并在相应视图的附近用箭头指明投影方向，标注上相同的字母。如图 8-7 所示，"泵盖 B"或标注"件×B"，"×"表示件的序号。

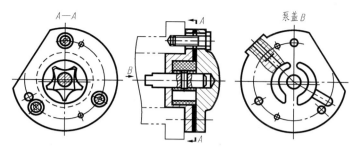

图 8-7　单独表示某个零件的画法

3. 装配图的简化画法

以下情况可以采用简化画法,如图 8-8 所示。

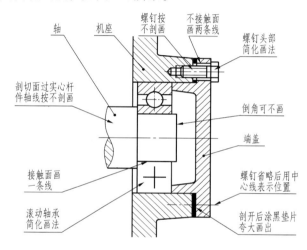

图 8-8　简化画法

（1）装配图上若干个相同的零、部件组（如螺栓、螺钉连接等）允许较详细地画出一处,其余只要用中心线表示其位置即可。

（2）装配图上零件的部分工艺结构（如倒角、倒圆、退刀槽、螺栓与螺母上的倒角曲线）也允许省略不画。

（3）在装配图中,对薄的垫片等不易画出的零件可以将其涂黑。

微课

装配图的简化画法

（上）

微课

装配图的简化画法

（下）

三、装配图的尺寸标注

在装配图中,通常应标注以下几类尺寸。

1. 性能（规格）尺寸

性能（规格）尺寸是表示装配体的性能或规格的尺寸,是设计和使用部件（机器）的依据。

例如，图 8-3 所示铣刀头的中心高 115 及铣刀盘直径 $\phi125$，图 8-4 所示滑动轴承的孔尺寸 $\phi50H8$、中心高 70 等都是性能（规格）尺寸。

2. 装配尺寸

装配尺寸由配合尺寸和相对位置尺寸组成。

- 配合尺寸：表示零件之间配合性质的尺寸，如图 8-3 所示轴承内外圈上所标注的尺寸 $\phi35k6$、$\phi80k7$ 及配合尺寸 $\phi28\dfrac{H8}{k7}$，图 8-4 中的 $90\dfrac{H9}{f9}$、$65\dfrac{H9}{f9}$、$\phi60\dfrac{H8}{k7}$ 等。

- 相对位置尺寸：表示零件之间或部件之间比较重要的相对位置，是装配时必须保证的尺寸，如图 8-4 所示两螺栓的中心距 85 ± 0.300。

3. 外形尺寸

外形尺寸表示部件或机器总长、总宽、总高等，是包装、运输、安装及厂房设计的依据，如图 8-3 所示的铣刀头总长 418、总宽 190，图 8-4 所示的滑动轴承总长 240、总宽 80、总高 160。

4. 安装尺寸

安装尺寸是表示部件安装在机器上或机器安装在基础上所需的尺寸，如图 8-3 所示的尺寸 155、150，图 8-4 所示的尺寸 180、$2\times\phi17$。

5. 其他重要尺寸

在设计中经过计算或根据需要而确定的其他一些重要尺寸，如图 8-3 所示的 $\phi44$。

微课

装配图的尺寸标注

四、装配图中的技术要求

装配图中用来说明装配体的性能、装配、检验和使用等方面的技术指标，统称为装配体的技术要求，一般包括以下几方面内容。

1. 装配要求

装配体在装配过程中需注意的事项，装配后应达到的指标，如准确度、装配间隙、润滑要求等。

2. 使用要求

对装配体的规格、参数，维护、保养的要求及操作时的注意事项等。

3. 检验要求

对装配体基本性能的检验、试验及操作时的要求。

五、装配图的零部件序号

为了便于读图和管理图样，装配图中的每种零部件都必须编写序号，并填写明细栏。

装配图中的每种零件或组件都要编号。形状、尺寸完全相同的零件只编写一个序号，数量填写在明细表内，形状相同、尺寸不同的零件要分别编号。滚动轴承、油杯、电动机等标准组件只编写一个序号。

装配图中序号的常用表示方法如图 8-9 所示，其要点如下。

（1）在指引线的水平细实线上或细实线圆内标注序号，序号字号比该图中所标注尺寸的数字大一号或两号，如图 8-9（a）所示。也可以直接标注在指引线附近，序号字号比该装配图中所标注尺寸的数字大两号，如图 8-9（b）所示。

（2）指引线应自所指部分的可见轮廓内引出，并在末端画一小圆点。对于涂黑的剖面可以将末端画成箭头，如图8-9（c）所示。

（3）指引线相互不能相交，不能与轮廓线或剖面线平行，必要时可以画成折线，但只可转折一次，如图8-9（d）所示。

（4）一组紧固件或装配关系清楚的零件组可以采用公共指引线，如图8-9（e）所示。

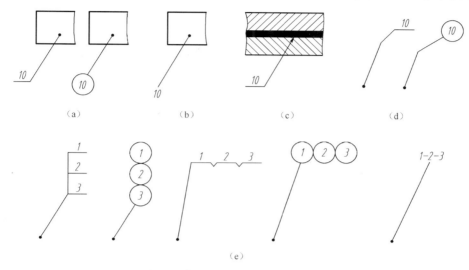

图 8-9　装配图中序号的常用表示方法

（5）序号应按水平或竖直方向排列整齐，并按顺时针或逆时针方向排序，尽量使序号间隔相等，如图8-10所示。

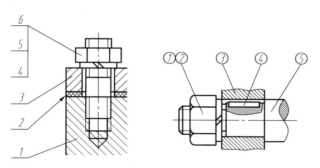

图 8-10　序号排列

六、装配图的明细栏

每张图样都需画出标题栏，标题栏的格式和尺寸在国家标准中都有规定。建议采用图8-11所示的标题栏和明细栏格式。

（1）在"名称"栏内，标准件还应写出其标记中除编号以外的其余内容，如"螺栓M6×20"，齿轮、非标准弹簧等具有重要参数的零件还应将它们的参数（如模数、齿数、压力角，弹簧的材料直径、中径、节距、自由高度、旋向、有效圈数及总圈数等）写入，也可以将这些参数写在"备注"栏内。

（2）在"材料"栏内填写制造该零件所用材料的名称或牌号。

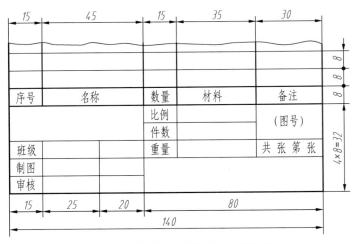

图 8-11　建议采用的标题栏和明细栏格式

（3）在"备注"栏内填写标准件的国家标准号及零件的热处理和表面处理要求等。

　　明细栏一般配置在标题栏上方，零部件序号自下而上填写，如果上方位置不够，可以将明细栏画在标题栏左边。若不能在标题栏的上方配置明细栏，则可以作为装配图的续页按 A4 幅面单独给出，但其顺序应是由上而下填写。

【任务实施】

【例 8-1】　读装配图。

在生产实际中，无论是设计机器、装配产品或从事设备的安装、检修及进行技术交流等，都需要读装配图，因此工程技术人员必须具备读装配图的能力。

通过读装配图，主要达到以下目标。

（1）了解装配体的名称、用途、工作原理及结构特点。

（2）弄清各零件的相互位置、装配关系、连接方式及装拆顺序。

（3）弄清各零件的结构形状和作用。

下面以图 8-12 所示的机用虎钳装配图为例介绍装配图的读图方法。

1．概括了解

读图前，先从以下几个方面对装配图做概括了解。

（1）从标题栏和明细栏入手，了解机器或部件的名称、用途等。本例中，从标题栏可以看出部件名称为机用虎钳，主要用于夹紧工件。

（2）仔细阅读技术要求和使用说明书，为深入了解装配图做好准备。

（3）由明细栏可以看出，机用虎钳由 11 种零件组成，其中标准件两种，属于中等复杂程度的装配体。

（4）由总体尺寸可知，该部件体积不大。

2．分析视图，明确各视图表达的重点

机用虎钳装配图中采用了 3 个基本视图和零件 2 的 A 向视图、1 个局部放大图、1 个移出断面图。

（1）主视图为过对称平面的全剖视图，剖切平面通过部件的主要装配干线——螺杆轴线，

表达了部件的工作原理、装配关系及各主要零件的用途和结构特征。

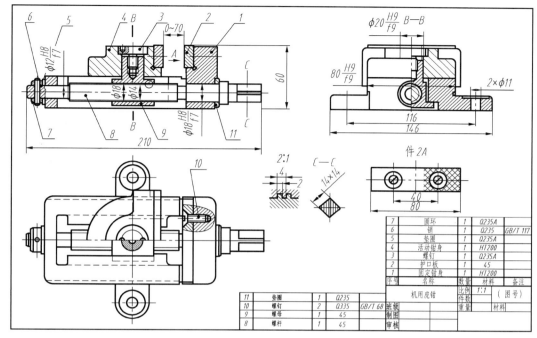

图 8-12　机用虎钳装配图

（2）俯视图中采用了沿活动钳身结合面剖切的画法，清楚地反映了固定钳身的结构和螺杆与螺母的连接关系。

（3）左视图采用半剖视图，其剖切位置通过螺母的轴线反映了固定钳身、活动钳身、螺母及螺杆之间的接触配合情况。

（4）"件 2A" 表达了钳口板上螺钉孔的位置及防滑网纹等，局部放大图表达了螺杆的牙型，移出断面图表达了螺杆头部的方形断面。

3．分析零件，进一步了解工作原理和装配关系

分析零件的目的是要搞清楚每个零件的结构形状和相互关系，其要点如下。

（1）相邻零件可根据剖面线来区分。

（2）因为标准件和常用件的结构和作用都已清楚，所以很容易区分。

（3）对于一般件，可由配合代号了解零件间的配合关系，由序号和明细栏了解零件的名称、数量、材料、规格等。

本例中（见图 8-13），固定钳身 1 是各零件的装配基础，螺母 6 与活动钳身 3 用螺钉 2 连接在一起，螺母 6 与螺杆 7 旋合。螺杆 7 支撑在固定钳身 1 孔内，并采用了基孔制间隙配合。由于两端均被固定（左端圆环 9 通过销 10 与螺杆 7 固定，右端用垫圈 8 与轴肩实现轴向固定），因此当螺杆 7 转动时，螺母 6 与活动钳身 3 一起做轴向移动，从而实现夹紧工件的目的。

4．分析拆装顺序

机用虎钳的拆卸顺序为拆下销 10→取下圆环 9、垫圈 8→旋出螺杆 7→旋出螺钉 2→取下螺母 6→卸下活动钳身 3→分别拆下固定钳身 1、活动钳身上的护口板 4。

装配顺序与拆卸顺序相反，具体为先把护口板 4 通过螺钉 5 固定在活动钳身 3 和固定钳身 1 的护口槽上，然后把活动钳身3装入固定钳身1→把螺母6装入活动钳身3孔中→并旋入螺钉2。把螺杆7装入固定钳身1的孔中，同时使螺杆7与螺母6旋合→装入垫圈8→装入圆环9→装入销10。

图8-13所示为机用虎钳装配轴测图及其示意图。

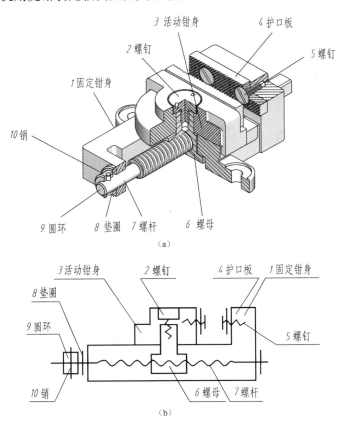

图8-13　机用虎钳装配轴测图及其示意图

任务二　画装配图

【知识准备】

一、接触处结构

为保证部件的装配质量、便于装拆，应考虑到装配结构的合理性。装配合理的基本要求如下。

（1）零件的结合处应精确可靠，以保证装配质量。

（2）便于装配与拆卸。

（3）零件的结构简单，加工工艺性好。

1．接触面的数量

一般情况下，两个零件在同一个方向的接触面或配合面只应有一对，否则保证不了装配质量，或者会给零件的制造增加困难，如图8-14所示。

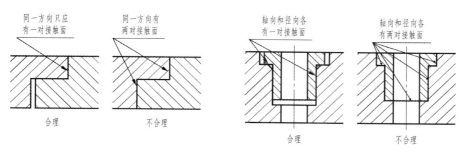

图 8-14　接触面的数量

2．接触面转折处的结构

当要求两个零件在两个方向同时接触时，两零件接触面的转折处应做出倒角、圆角、退刀槽和凹槽，以保证接触的可靠性，如图 8-15 所示。

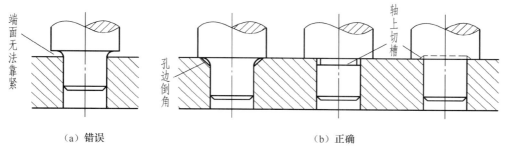

（a）错误　　　　　　　　　　　（b）正确

图 8-15　接触面转折处的结构

3．锥面接触

由于锥面配合同时确定了轴向和径向两个方向的位置，因此要根据接触面数量的要求考虑其结构，如图 8-16 所示。

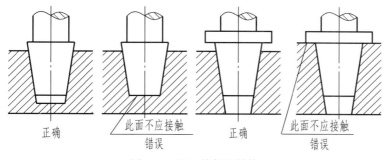

图 8-16　锥面接触的结构

微课

装配工艺结构的
画法

二、可拆连接结构

可拆连接结构主要考虑连接可靠和装拆方便两个方面。

1．连接可靠

为了使可拆连接结构工作可靠，需要注意以下问题。

（1）如果要求将外螺纹全部拧入内螺纹中，可以在外螺纹的螺尾部加工出退刀槽，或者在内螺纹孔口处加工出凹坑或倒角，如图 8-17 所示。

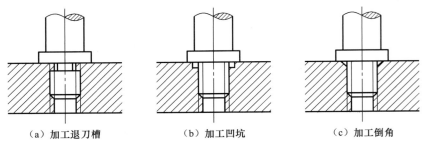

（a）加工退刀槽　　　　（b）加工凹坑　　　　（c）加工倒角

图 8-17　外螺纹拧入内螺纹

（2）轴端为螺纹时，应留出一段螺纹不拧入螺母中，如图 8-18 所示。

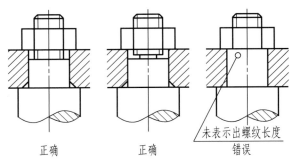

未表示出螺纹长度

正确　　　　　　正确　　　　　　错误

图 8-18　轴端为螺纹连接

2.　装拆方便

为了使可拆连接结构装拆方便，需要注意以下问题。

（1）需要留有相应的空间。例如，在设计螺栓和螺钉的位置时，应考虑扳手的活动范围和螺钉放入时所需要的空间，如图 8-19 所示。

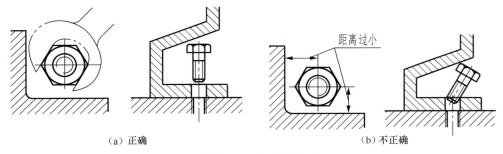

距离过小

（a）正确　　　　　　　　　　　　　（b）不正确

图 8-19　方便装拆

（2）装有衬套的结构要考虑衬套的拆卸问题。用轴肩定位轴承时，轴肩高度必须小于轴承的内圈高度，孔肩的高度必须小于轴承外圈的高度，以便于轴承的拆卸，如图 8-20 所示。

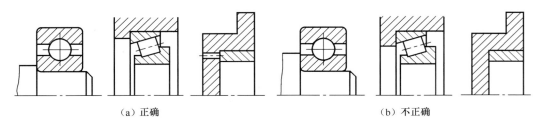

（a）正确　　　　　　　　　　　　（b）不正确

图 8-20　轴承定位和衬套的合理结构

三、防松装置

对要承受振动或冲击的部件，为防止螺纹的松脱，可以采用图 8-21 所示的防松装置。

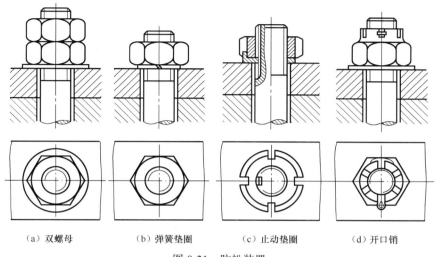

（a）双螺母　　　（b）弹簧垫圈　　　（c）止动垫圈　　　（d）开口销

图 8-21　防松装置

四、密封装置

为防止机器内部液体或气体向外渗漏，防止灰尘等物侵入机器内部，常采用图 8-22 所示的密封结构。

1．填料箱密封

在输送液体的泵类和控制液体的阀类部件中常采用填料箱密封，如图 8-22（a）所示。

2．橡胶圈密封

球阀球芯两侧的密封、盖与体结合面处的密封常采用橡胶圈密封，如图 8-22（b）所示。

3．垫片密封

为防止液体或气体从两个零件的结合面处渗漏，常采用垫片密封，如图 8-22（c）所示。

4．毡圈密封

在装有轴的孔内加工出一个梯形截面的环槽（结构可以查标准），槽内放入毡圈，毡圈有弹性且紧贴在轴上，可以起密封作用，如图 8-22（c）所示。

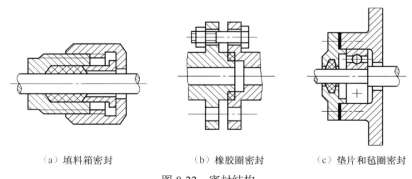

（a）填料箱密封　　　（b）橡胶圈密封　　　（c）垫片和毡圈密封

图 8-22　密封结构

五、滚动轴承的轴向固定及密封结构

滚动轴承的轴向固定是为了防止滚动轴承工作时发生轴向窜动，如图 8-23 所示。滚动轴承常采用轴肩、端盖、轴端挡圈、圆螺母、止动垫圈及弹簧挡圈等结构。

考虑到工作温度的变化会导致滚动轴承工作时卡死，所以应留有一定的轴向间隙。如图 8-23 所示，右端轴承内外圈均做了固定，左端轴承只固定了内圈。

滚动轴承的密封主要是为了防止外部灰尘、水分进入轴承及防止轴承的润滑油剂渗漏。常用的密封件（如毡圈、油封等）均属于标准件，还可以采用迷宫式密封，如图 8-24 所示，可以查手册选用。

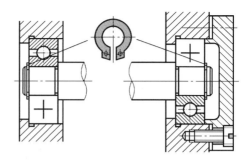

图 8-23　轴向固定

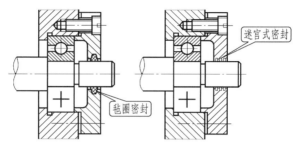

图 8-24　轴承密封

六、凸台和凹坑

为保证零件接触良好，接触面需经机械加工。若能合理减小加工面积，则不仅能降低加工成本，还可以改善接触情况。

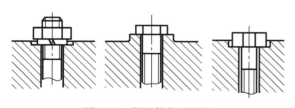

图 8-25　紧固件装配结构

为保证连接件和被连接件的良好接触，通常在工件上做出沉孔或凸台等，如图 8-25 所示。沉孔尺寸可以根据连接件尺寸从有关手册中查出。

为减少接触面，对较长的接触面（平面或圆柱面）应加工出凹槽，以减少加工面并保证接触良好，如图 8-26 所示。

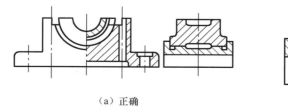

（a）正确　　　　　　　　　　（b）错误

图 8-26　凸台与凹坑

设计新零件或部件时，首先要画出装配图。测绘机器和部件时，先画出零件草图，再依据

零件草图画出装配图。

画装配图与画零件图的方法步骤类似。首先要了解装配体的工作原理和装配关系，其次要了解每种零件的数量及其在装配体中的功用，以及与其他零件之间的装配关系等，并且要熟悉每个零件的结构，想象出零件的投影视图。

【任务实施】

【例 8-2】 画装配图。

一、了解和分析装配体

画装配图之前，应对装配体的性能、用途、工作原理、结构特征及零件之间的装配关系做透彻的分析和充分的了解。

图 8-27 所示为铣刀头轴测图，其结构特点如下。

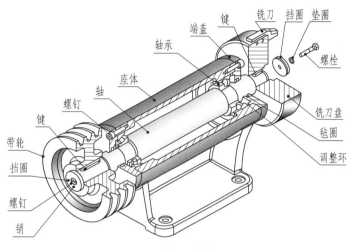

图 8-27　铣刀头轴测图

（1）铣刀头是安装在铣床上的一个部件，其作用是安装铣刀，铣削零件。该部件由 16 种零件组成。

（2）铣刀盘通过双键与轴连接，动力由带轮输入，经键传递到轴，从而带动铣刀盘运动。

（3）轴上装有一对圆锥滚子轴承，用端盖和调整环调节轴承间隙。

（4）端盖与座体采用螺钉连接，端盖内装有毡圈，起防尘与密封的作用。

（5）带轮轴向一侧靠轴肩定位，另一侧以挡圈、螺钉、销定位。

（6）铣刀盘轴向一侧由轴肩定位，另一侧由挡圈、螺栓、垫圈定位。

　　　　一般采用装配示意图来表示装配体的工作原理和装配关系，即用简单的线条画出主要零件的轮廓线，并用符号表示一些常用件和标准件，供拼画装配图时参考，如图 8-28 所示。

二、分析和想象零件图，确定表达方案

选择部件装配图视图的基本要求是：必须清楚地表达部件的工作原理、各零件的相对位置和装配连接关系。因此，在选择表达方案之前，必须详细了解部件的工作原理和装配关系。在选择表达方案时，首先选好主视图，然后配合主视图选择其他视图。

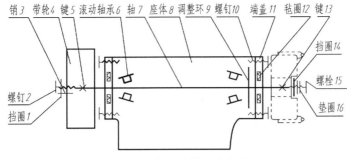

图 8-28　铣刀头装配示意图

1．主视图的选择

主视图一般应满足下列要求。

（1）按工作位置放置，当工作位置倾斜时，将部件放正，使其主要装配干线、安装面等处于特殊位置。

（2）应较好地表达部件的工作原理和形状特征。

（3）应较好地表达主要零件的相对位置和装配连接关系。

如图 8-3 所示，铣刀头座体水平放置，符合工作位置要求，主视图采用剖切面通过轴线的全剖视图，在轴的两端作局部剖视图，表达了铣刀头的主要装配干线。

2．其他视图选择

装配图的重点是表示工作原理、装配关系及主要零件的形状，没有必要把每个零件的结构都表示清楚，但每种零件至少应在某个视图中出现一次。按此要求，补充主视图上没有表示出来或没有表示清楚而又必须表示的内容，所选视图要重点突出、互相配合，避免不必要的重复。

图 8-3 中用局部剖视图的左视图补充表达了座体及底板上安装孔的位置，为突出座体的主要形状特征，左视图采用了拆卸画法。

三、画装配图

依据所确定的表达方案及部件的总体尺寸，结合考虑标注尺寸、序号、标题栏、明细栏和注写技术要求所应占的位置，选比例、定图幅，按下列步骤绘图。

（1）画图框和标题栏、明细栏外框。

（2）布图。从装配干线入手，以点画线或细实线布置各视图的位置。布图时注意留足标注尺寸、编写序号及标题栏与明细栏的位置。

（3）画底稿，一般从主视图入手，几个视图结合起来画。一般先大后小，先主后次。

（4）校核、修正、加深，画剖面线。

（5）标注尺寸，编写序号，填写明细栏、标题栏并注写技术要求。

铣刀头的装配图画图步骤如图 8-29 所示，完成后的装配图如图 8-3 所示。

【例 8-3】　由装配图拆画零件图。

一、从装配体中分离零件

拆画零件图前，应对所拆零件的作用进行分析，然后把该零件从与其组装的其他零件中分离出来。分离零件的基本方法如下。

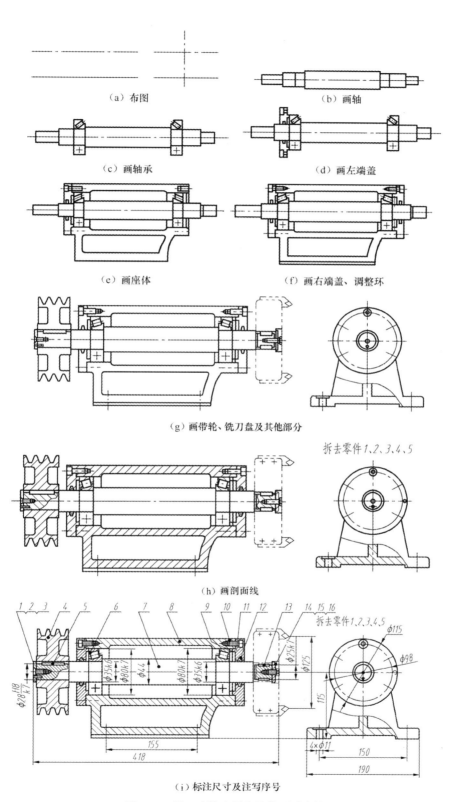

（a）布图

（b）画轴

（c）画轴承

（d）画左端盖

（e）画座体

（f）画右端盖、调整环

（g）画带轮、铣刀盘及其他部分

（h）画剖面线

（i）标注尺寸及注写序号

图 8-29　铣刀头装配图底稿的画图步骤

（1）首先在装配图上找到该零件的序号和指引线，顺着指引线找到该零件；再利用投影关系、剖面线的方向找到该零件在装配图中的轮廓范围。

（2）经过分析补全所拆画零件的轮廓线。有时，还需要根据零件的表达要求重新选择主视图和其他视图。

（3）选定或画出视图后，采用抄注、查取、计算的方法标注零件图上的尺寸，并根据零件的功用注写技术要求，最后填写标题栏。

二、由装配图拆画零件图

下面以拆画固定钳身零件图为例介绍由装配图拆画零件图的基本步骤。

1. 分离出零件轮廓

根据零件的序号、投影关系、剖面线等从装配图的各个视图中找出固定钳身的投影，如图 8-30 所示。

2. 补齐被其他零件遮住的轮廓线

补齐轮廓线以后的结果如图 8-31 所示。

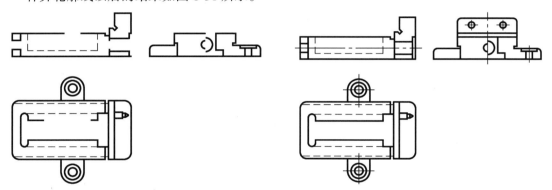

图 8-30　分离固定钳身　　　　　　　图 8-31　补齐被遮挡的轮廓线

3. 补齐工艺结构

如果画装配图时省略了零件的工艺结构，画零件图时应补齐，标准结构应查表。

4. 重新选择表达方案

由于装配图和零件图的表达重点不一样，因此拆画零件图时需根据零件的类型选择视图，有时需要重新安排视图。固定钳身属于箱体类零件，是虎钳的基础零件，其视图表达可以与装配图一致。

5. 尺寸来源

由于装配图上一般只标注 5 类尺寸，因此拆画时应予以补充。

（1）抄注尺寸。装配图上已注出的尺寸多为重要尺寸，与所拆画零件图有关的尺寸直接抄注，如 $\phi 12H8$，并将其转换为极限偏差的形式，如图 8-32 所示。

（2）查找尺寸。常见标准结构的尺寸数值应从明细栏或有关手册查得，如倒角、倒圆、键槽等。

（3）计算尺寸。某些尺寸数值应根据装配图所给的尺寸通过计算而定，如齿轮分度圆、齿顶圆等。

（4）量取尺寸。装配图上没有标注的尺寸可以按装配图的画图比例在图中量取，如零件的外形尺寸等。

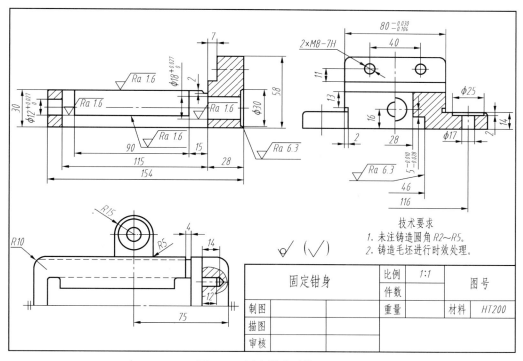

图 8-32　固定钳身零件图

6. 填写技术要求

根据零件的加工、检验、装配及使用中的要求查阅相关资料来制定技术要求，或者参照同类产品采用类比法制定。

7. 填写标题栏

最后填写标题栏的内容。图 8-32 所示为从机用虎钳装配图中拆画出来的固定钳身零件图，图 8-33 所示为机用虎钳固定钳身三维效果图。

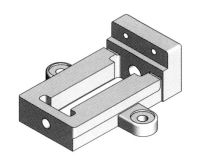

图 8-33　机用虎钳固定钳身三维效果图

微课

由装配图拆画
零件图

【综合实训】

对现有部件或机器通过分析、拆卸、测量及绘制零件草图，然后画出装配图和零件图的过程，称为零件测绘。在生产实践中，对原机器进行维修和技术改造，或者设计新产品和仿造原有设备时，经常需要进行部件测绘。测绘技能是工程技术人员必须具备的。

下面将以齿轮泵为测绘对象介绍部件测绘的基本方法。

一、测绘前工具的准备

测绘部件之前，应根据部件的复杂程度制订测绘进程计划，并准备拆卸用品和工具（如扳手、螺丝刀、手锤、铜锤、测量用钢尺、内外卡钳及游标卡尺等），以及其他用品（如细铁丝、标签、绘图用品和相关手册）。

二、了解测绘对象

测绘前要对测绘的部件进行认真的分析研究，了解其用途、性能、工作原理、结构特点、各零件的装配关系与相对位置关系及加工方法等。

1. 获取对象信息

测绘前，可以通过以下途径了解测绘对象的信息。

（1）参考有关资料、说明书及对同类产品加以分析。

（2）通过拆卸对零部件进行全面分析。

（3）到工作现场参观学习，以了解情况。

2. 齿轮泵的工作原理

齿轮泵用于机床润滑系统的供油，如图 8-34 所示，其结构特点和工作原理如下。

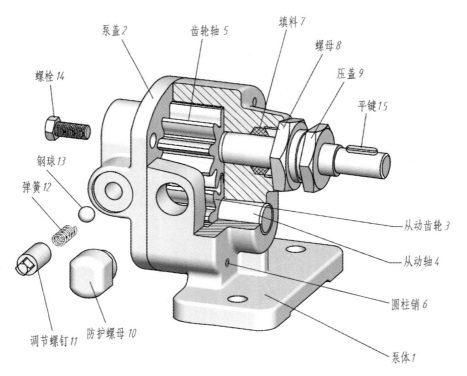

图 8-34　齿轮泵装配轴测图

（1）齿轮泵由 15 种零件组成，主体为泵体、泵盖、主动轴（齿轮轴）、从动轴及齿轮。

（2）泵体内装有一对齿轮，相互啮合。动力从主动轴输入，从而带动从动齿轮旋转。

（3）两齿轮转动时，在入口处形成负压，在大气压的作用下，润滑油从入口吸入，随着齿轮的转动，齿间的润滑油被带到出油口挤压出去，输送到需要润滑的部位，如图 8-35 所示。

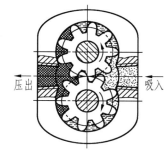

图 8-35　齿轮泵工作示意图

（4）为保证齿轮泵正常工作，在泵盖上装有保险装置。为避免润滑油沿齿轮轴渗出，泵体上有密封装置。

（5）保险装置由钢球、弹簧、调节螺钉及防护螺母等零件组成，经过调节螺钉、弹簧压迫钢球调节到一定的压力（保证正常工作所需要的油压），一旦出油路的压力超过调压阀的调压数值，钢球就会被推开，使出油路的高压油流回进油路，从而降低油压，以免损坏润滑油路。

三、拆卸零件和画装配示意图

在明确了齿轮泵的结构和工作原理后，接下来就可以拆卸零件并画出装配示意图。

1. 拆卸零件时的注意事项

拆卸零件前，需要注意以下要点。

（1）在拆卸零件前，应先测量一些重要的装配关系尺寸，如相对位置尺寸、极限尺寸、装配间隙等，以便校核图样和装配部件。

（2）拆卸时要用相应的拆卸工具，以保证顺利拆卸，不损坏零件。

（3）按一定的顺序拆卸。过盈配合的零件原则上不拆卸，若不影响零件的测量工作，过渡配合的零件一般也不拆卸。

（4）对拆卸的零件进行编号和登记，加上标签，妥善保管。要防止零件碰伤、生锈和丢失。

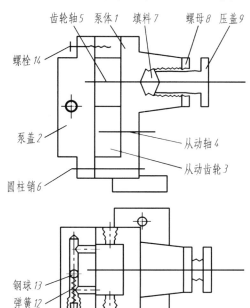

图 8-36　齿轮泵的装配示意图

（5）对零件较多的装配体，为了便于拆卸后重新装配，需要绘制装配示意图。

2. 画装配示意图

装配示意图是用简明的符号和线条表示部件中各零件的相互位置、装配关系及部件的工作情况、传动路线等的图。画装配示意图时，有些零件应按国家标准《机械制图 机构运动简图用图形符号》（GB/T 4460—2013）绘制。图 8-36 所示为齿轮泵的装配示意图。

四、绘制零件草图

画出装配示意图后，即可着手绘制零件草图。绘制零件草图时需注意以下要点。

（1）标准件可以不画草图，但要测出其结构上的主要数据（如螺纹大径、螺距，键的长、宽、高等），然后查找有关标准，确定其标记代号，登记在明细栏内。

（2）画草图时应先画视图，再引尺寸线，然后逐一测量并填写尺寸。

（3）零件间有配合、定位或连接关系的尺寸要协调一致，如尺寸基准要统一，两零件相配合的部分基本尺寸要相同。标注时可以成对地在两零件的草图上同时进行尺寸标注。

图 8-37～图 8-39 所示为齿轮泵中 3 个典型零件的草图。

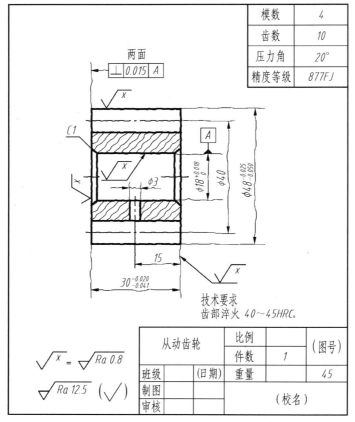

模数	4
齿数	10
压力角	20°
精度等级	877FJ

图 8-37 从动齿轮零件草图

五、画装配图

根据零件草图和装配示意图画装配图。在画装配图时，如果发现零件草图中有错误要及时纠正，一定要按准确的尺寸画出装配图。画装配图时注意以下要点。

（1）零件之间的装配关系是否准确无误。

（2）装配图上有无遗漏零件，将拆卸的零件数与装配图所画的零件数对照。

（3）除去标准件，检查数据是否对应。

（4）检查尺寸标注是否有误，特别是装配尺寸。装配在一起的零件较多时，需对照零件图重新校对。

（5）技术要求有无遗漏，是否合理。

齿轮泵最终的装配图如图 8-40 所示。

模数	4
齿数	10
压力角	20°
精度等数	877FJ

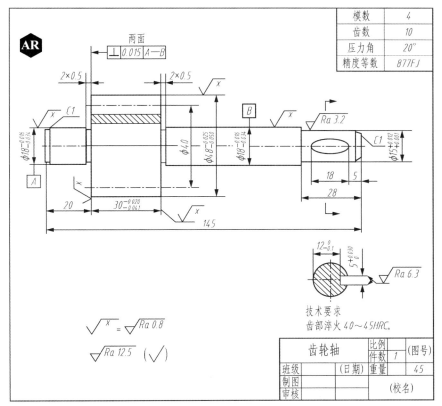

$$\sqrt{}^{x} = \sqrt{Ra\,0.8}$$

$$\sqrt{Ra\,12.5}\quad (\sqrt{})$$

齿轮轴		比例		(图号)
		件数	1	
班级	(日期)	重量		45
制图				
审核			(校名)	

图 8-38　齿轮轴零件草图

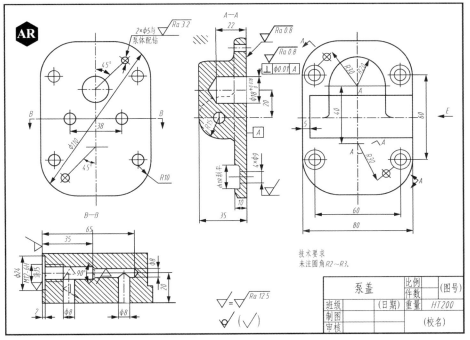

泵盖		比例		(图号)
		件数		
班级	(日期)	重量		HT200
制图				
审核			(校名)	

图 8-39　泵盖零件草图

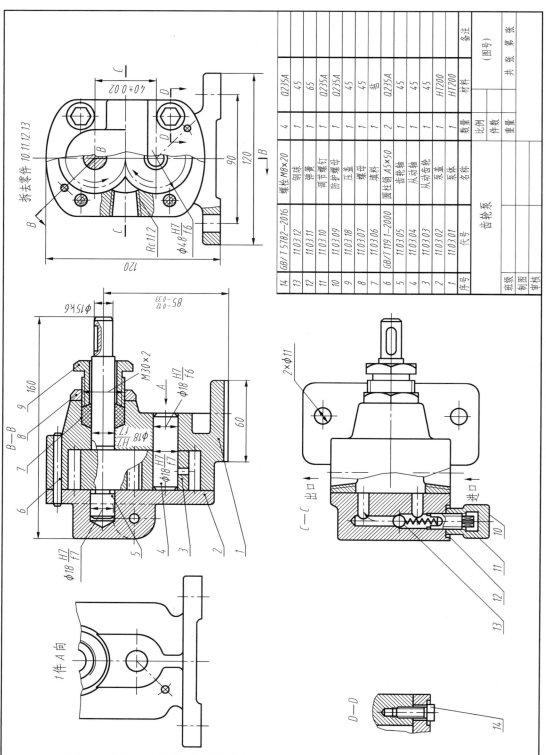

图 8-40 齿轮泵最终的装配图

14	GB/T 5782—2016	螺栓 M8×20	4	Q235A	
13	11.03.12	钢珠	1	45	
12	11.03.11	弹簧	1	65	
11	11.03.10	调节螺钉	1	Q235A	
10	11.03.09	防护螺母	1	Q235A	
9	11.03.08	压盖	1	45	
8	11.03.07	螺母	1	45	
7	11.03.06	填料	1	毡	
6	GB/T 119.1—2000	圆柱销 A5×50	2	Q235A	
5	11.03.05	齿轮轴	1	45	
4	11.03.04	从动齿轮	1	45	
3	11.03.03	盖	1	HT200	
2	11.03.02	泵盖	1	HT200	
1	11.03.01	泵体	1	HT200	
序号	代号	名称	数量	材料	备注（图号）

齿轮泵

比例
件数
重量
班级
制图
审核
共 张 第 张

微课

综合案例 1——装配
图的常用表达方法

微课

综合案例 2——
读虎钳装配图

微课

零件的测绘

【项目小结】

一张完整的装配图应包括一组视图、必要的尺寸、技术要求及序号、标题栏及明细栏。

装配图主要是依据装配体的工作原理和零件之间的装配关系来确定主视图的投影方向，而零件图则是根据工作位置、加工位置及形状特征来确定主视图的投影方向。

装配图中不必标注零件的全部尺寸，只需注出用以说明机器或部件的性能、工作原理、装配关系和安装要求等方面的尺寸。装配体的技术要求主要是装配、检验、使用时应达到和注意的技术指标。

识读装配图主要是了解构成装配体的各零件之间的相互关系，即它们在装配体中的位置、作用、固定或连接方法、运动情况及装拆顺序等，从而进一步了解装配体的性能、工作原理及各零件的主要结构。

归纳识读装配图的要领有：看标题，明概况；看视图，明方案；看投影，明结构；看配合，明原理。

【思考题】

1. 一张完整的装配图应该包括哪些内容？装配图有哪些特殊画法？
2. 简述装配图如何选择主视图。
3. 装配图中的零部件序号编注时应遵守哪些规定？
4. 在装配图中一般应标注哪几类尺寸？
5. 读装配图的目的是什么？应该读懂部件的哪些内容？

【综合演练】

1. 根据图 8-37 所示的从动齿轮零件草图画出该零件的零件图。
2. 根据图 8-38 所示的齿轮轴零件草图画出该零件的零件图。

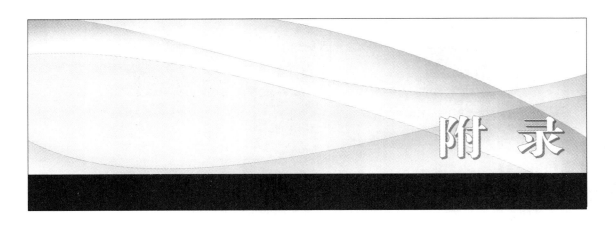

1. 螺纹

表 f1　普通螺纹直径、螺距与公差带（摘自 GB/T 192—2003、GB/T 193—2003、GB/T 196—2003、GB/T 197—2018）　　　　单位：mm

D——内螺纹大径

d——外螺纹大径

D_2——内螺纹中径

d_2——外螺纹中径

D_1——内螺纹小径

d_1——外螺纹小径

P——螺距

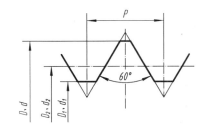

标记示例：

M10-6g（粗牙普通外螺纹、公称直径 d=M10、右旋、中径及大径公差带均为 6g、中等旋合长度）

M10×1-6H-LH（细牙普通内螺纹、公称直径 D=M10、螺距 P=1、中径及小径公差带均为 6H、中等旋合长度、左旋）

公称直径 D、d			螺距 P	
第一系列	第二系列	第三系列	粗牙	细牙
4	—	—	0.7	0.5
5	—	—	0.8	
6	—	—	1	0.75
	7	—		
8	—	—	1.25	1、0.75
10	—	—	1.5	1.25、1、0.75
12	—	—	1.75	1.25、1
—	14	—	2	1.5、1.25、1
—	—	15	—	1.5、1
16	—	—	2	
—	18	—		
20	—	—	2.5	2、1.5、1
—	22	—		
24	—	—	3	
—	—	25	—	

续表

公称直径 D、d			螺距 P		
第一系列	第二系列	第三系列	粗牙	细牙	
—	27	—	3		
30	—	—	3.5	（3）、2、1.5、1	
—	33	—		（3）、2、1.5	
—	—	35	—	1.5	
36	—	—	4	3、2、1.5	
—	39	—			

螺纹种类	精度	外螺纹公差带			内螺纹公差带		
		S	N	L	S	N	L
普通螺纹	中等	(5g6g) (5h6h)	┌*6g┐, *6e 6h, *6f	（7e6e） （7g6g） （7h6h）	*5H (5G)	┌*6H┐ *6G	*7H （7G）
	粗糙	—	8g，（8e）	（9e8e） （9g8g）	—	7H,（7G）	8H (8G)

注：1. 优先选用第一系列，其次是第二系列，第三系列尽可能不用；括号内的尺寸尽可能不用。

2. 大量生产的紧固件螺纹推荐采用带方框的公差带；带*的公差带优先选用，括号内的公差尽可能不用。

3. 两种精度选用原则：中等——一般用途；粗糙——对精度要求不高时采用。

表 f2 　　　　　　　　　　　　　　　管螺纹

55°密封管螺纹（摘自 GB/T 7306.1—2000、GB/T 7306.2—2000）　　　55°非密封管螺纹（摘自 GB/T 7307—2001）

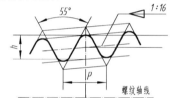

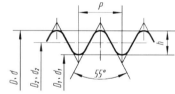

标记示例：

R1/2（尺寸代号 1/2，右旋圆锥外螺纹）

Rc1/2LH（尺寸代号 1/2，左旋圆锥内螺纹）

标记示例：

G1/2LH（尺寸代号 1/2，左旋内螺纹）

G1/2A（尺寸代号 1/2，A 级右旋外螺纹）

尺寸 代号	大径 d、D /mm	中径 d_2、D_2 /mm	小径 d_1、D_1 /mm	螺距 P /mm	牙高 h /mm	每 25.4 mm 内的牙数 n
1/4	13.157	12.301	11.445	1.337	0.856	19
3/8	16.662	15.806	14.950			
1/2	20.955	19.793	18.631	1.814	1.162	14
3/4	26.441	25.279	24.117			
1	33.249	31.770	30.291	2.309	1.479	11
1¼	41.910	40.431	38.952			
1½	47.803	46.324	44.845			
2	59.614	58.135	56.656			
2½	75.184	73.705	72.226			
3	87.884	86.405	84.926			

注：大径、中径、小径值对于 GB/T 7306.1—2000、GB/T 7306.2—2000 为基准平面内的基本直径，对于 GB/T 7307—2001 为基本直径。

2. 常用的标准件

表 f3 **六角头螺栓** 单位：mm

六角头螺栓 C级（摘自 GB/T 5780—2016）　　六角头螺栓 全螺纹 C级（摘自 GB/T 5781—2016）

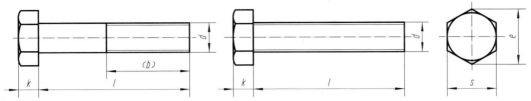

标记示例：

螺栓 GB/T 5780 M20×100（螺纹规格 d=M20、公称长度 l=100、性能等级为 4.8 级、不经表面处理、杆身半螺纹、产品等级为 C 级的六角头螺栓）

螺纹规格 d		M5	M6	M8	M10	M12	M16	M20	M24	M30	M36	M42
b 参考	$l_{公称} \leqslant 125$	16	18	22	26	30	38	46	54	66	—	—
	$125 < l_{公称} \leqslant 200$	22	24	28	32	36	44	52	60	72	84	96
	$l_{公称} > 200$	35	37	41	45	49	57	65	73	85	97	109
$k_{公称}$		3.5	4.0	5.3	6.4	7.5	10	12.5	15	18.7	22.5	26
s_{max}		8	10	13	16	18	24	30	36	46	55	65
e_{min}		8.63	10.9	14.2	17.6	19.9	26.2	33.0	39.6	50.9	60.8	71.3
l 范围	GB/T 5780—2016	25~50	30~60	35~80	40~100	45~120	55~160	65~200	80~240	90~300	110~300	160~420
	GB/T 5781—2016	10~40	12~50	16~65	20~80	25~100	35~100	40~100	50~100	60~100	70~100	80~420
$l_{公称}$		10、12、16、20~50（五进位）、(55)、60、(65)、70~160（十进位）、180、220~500（二十进位）										

表 f4 **1 型六角螺母 C级（摘自 GB/T 41—2016）** 单位：mm

标记示例：

螺母 GB/T 41 M10

（螺纹规格 D=M10、性能等级为 5 级、不经表面处理、产品等级为 C 级的 1 型六角螺母）

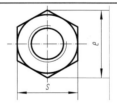

螺纹规格 D	M5	M6	M8	M10	M12	M16	M20	M24	M30	M36	M42	M48	M56
s_{max}	8	10	13	16	18	24	30	36	46	55	65	75	85
e_{min}	8.63	10.89	14.20	17.59	19.85	26.17	32.95	39.55	50.85	60.79	72.3	82.6	93.56
m_{max}	5.6	6.4	7.9	9.5	12.2	15.9	19	22.3	26.4	31.9	34.9	38.9	45.9

表 f5 **平垫圈** 单位：mm

平垫圈 A级（GB/T 97.1—2002）　　平垫圈 C级（GB/T 95—2002）　　平垫圈 倒角型 A级（GB/T 97.2—2002）

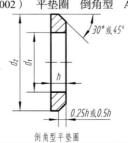

平垫圈　　　　　　　　　　倒角型平垫圈

标记示例：

垫圈　GB/T 95　8（标准系列、公称规格 8、硬度等级为 100HV 级、不经表面处理、产品等级为 C 级的平垫圈）

垫圈　GB/T 97.2　10（标准系列、公称规格 10、硬度等级为 140HV 级、倒角型、不经表面处理、产品等级为 A 级的平垫圈）

公称规格（螺纹大径 d）		4	5	6	8	10	12	16	20	24	30	36	42	48
GB/T 97.1—2002（A 级）	d_1	4.3	5.3	6.4	8.4	10.5	13.0	17	21	25	31	37	45	52
	d_2	9	10	12	16	20	24	30	37	44	56	66	78	92
	h	0.8	1	1.6	1.6	2	2.5	3	3	4	4	5	8	8
GB/T 97.2—2002（A 级）	d_1	—	5.3	6.4	8.4	10.5	13	17	21	25	31	37	45	52
	d_2	—	10	12	16	20	24	30	37	44	56	66	78	92
	h	—	1	1.6	1.6	2	2.5	3	3	4	4	5	8	8
GB/T 95—2002（C 级）	d_1	4.5	5.5	6.6	9	11	13.5	17.5	22	26	33	39	45	52
	d_2	9	10	12	16	20	24	30	37	44	56	66	78	92
	h	0.8	1	1.6	1.6	2	2.5	3	3	4	4	5	8	8

注：A 级适用于精装配系列，C 级适用于中等装配系列。

表 f6　　平键及键槽各部尺寸（摘自 GB/T 1095—2003、GB/T 1096—2003）　　单位：mm

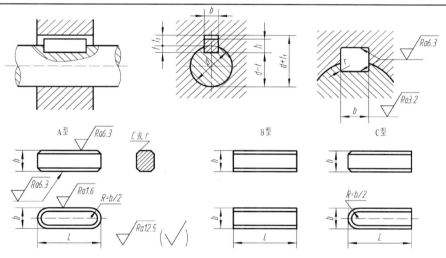

标记示例：

GB/T 1096　键 16×10×100（普通 A 型平键、b=16、h=10、L=100）

GB/T 1096　键 B16×10×100（普通 B 型平键、b=16、h=10、L=100）

GB/T 1096　键 C16×10×100（普通 C 型平键、b=16、h=10、L=100）

轴	键		键槽										
			宽度 b						深度				半径 r
				极限偏差					轴 t		毂 t_1		
公称直径 d	基本尺寸 $b×h$	长度 L	基本尺寸 b	松连接		正常连接		紧密连接	基本尺寸	极限偏差	基本尺寸	极限偏差	
				轴 H9	毂 D10	轴 N9	毂 JS9	轴和毂 P9					最小	最大
>10～12	4×4	8～45	4	+0.030 0	+0.078 +0.030	0 −0.030	±0.015	−0.012 −0.042	2.5	+0.1 0	1.8	+0.1 0	0.08	0.16
>12～17	5×5	10～56	5						3.0		2.3			
>17～22	6×6	14～70	6						3.5		2.8		0.16	0.25

续表

轴	键		键槽											
			宽度 b						深度				半径 r	
			基本尺寸 b	极限偏差					轴 t		毂 t_1			
				松连接		正常连接		紧密连接	基本尺寸	极限偏差	基本尺寸	极限偏差		
公称直径 d	基本尺寸 b×h	长度 L		轴 H9	毂 D10	轴 N9	毂 JS9	轴和毂 P9					最小	最大
>22~30	8×7	18~90	8	+0.036 0	+0.098 +0.040	0 -0.036	±0.018	-0.015 -0.051	4.0		3.3			
>30~38	10×8	22~110	10						5.0		3.3			
>38~44	12×8	28~140	12	+0.043 0	+0.120 +0.050	0 -0.043	±0.0215	-0.018 -0.061	5.0		3.3			
>44~50	14×9	36~160	14						5.5		3.8		0.25	0.40
>50~58	16×10	45~180	16						6.0	+0.2 0	4.3	+0.2 0		
>58~65	18×11	50~200	18						7.0		4.4			
>65~75	20×12	56~220	20	+0.052 0	+0.149 +0.065	0 -0.052	±0.026	-0.022 -0.074	7.5		4.9			
>75~85	22×14	63~250	22						9.0		5.4		0.40	0.60
>85~95	25×14	70~280	25						9.0		5.4			
>95~110	28×16	80~320	28						10		6.4			
L系列	6~22（2进位）、25、28、32、36、40、45、50、56、63、70、80、90、100、110、125、140、160、180、200、220、250、280、320、360、400、450、500													

注：1. $(d-t)$ 和 $(d+t_1)$ 两组组合尺寸的极限偏差按相应的 t 和 t_1 的极限偏差选择，但 $(d-t)$ 极限偏差应取负号（−）。

2. 键 b 的极限偏差为 h8；键 h 的极限偏差矩形为 h11，方形为 h8；键长 L 的极限偏差为 h14。

表 f7　　　　圆柱销　不淬硬钢和奥氏体不锈钢（摘自 GB/T 119.1—2000）　　单位：mm

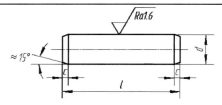

标记示例：

销　GB/T 119.1　10m6×90（公称直径 d=10、公差为 m6、公称长度 l=90、材料为钢、不经淬火、不经表面处理的圆柱销）

销　GB/T 119.1　10m6×90-A1（公称直径 d=10、公差为 m6、公称长度 l=90、材料为 A1 组奥氏体不锈钢、表面简单处理的圆柱销）

d公称	2	2.5	3	4	5	6	8	10	12	16	20	25
c≈	0.35	0.4	0.5	0.63	0.8	1.2	1.6	2.0	2.5	3.0	3.5	4.0
l范围	6~20	6~24	8~30	8~40	10~50	12~60	14~80	18~95	22~140	26~180	35~200	50~200
l公称	2、3、4、5、6~32（二进位）、35~100（五进位）、120~200（二十进位）（公称长度大于200，按20递增）											

表 f8	圆锥销（摘自 GB/T 117—2000）	单位：mm

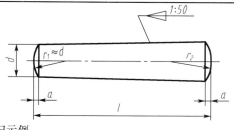

A 型（磨削）：锥面表面粗糙度 $Ra=0.8\ \mu m$

B 型（切削或冷镦）：锥面表面粗糙度 $Ra=3.2\ \mu m$

标记示例：

销　GB/T 117　6×30（公称直径 $d=6$、公称长度 $l=30$、材料为 35 钢、热处理硬度 28～38HRC、表面氧化处理的 A 型圆锥销）

d公称	2	2.5	3	4	5	6	8	10	12	16	20	25
$a≈$	0.25	0.3	0.4	0.5	0.63	0.8	1.0	1.2	1.6	2.0	2.5	3.0
l范围	10～35	10～35	12～45	14～55	18～60	22～90	22～120	26～160	32～180	40～200	45～200	50～200
l公称	2、3、4、5、6～32（二进位）、35～100（五进位）、120～200（二十进位）（公称长度大于200，按 20 递增）											

表 f9	深沟球轴承（摘自 GB/T 276—2013）	单位：mm

标记示例：

滚动轴承　6310

GB/T 276—2013

轴承代号	d	D	B	轴承代号	d	D	B	轴承代号	d	D	B
尺寸系列〔（0）2〕				尺寸系列〔（0）3〕				尺寸系列〔（0）4〕			
6202	15	35	11	6302	15	42	13	6403	17	62	17
6203	17	40	12	6303	17	47	14	6404	20	72	19
6204	20	47	14	6304	20	52	15	6405	25	80	21
6205	25	52	15	6305	25	62	17	6406	30	90	23
6206	30	62	16	6306	30	72	19	6407	35	100	25
6207	35	72	17	6307	35	80	21	6408	40	110	27
6208	40	80	18	6308	40	90	23	6409	45	120	29
6209	45	85	19	6309	45	100	25	6410	50	130	31
6210	50	90	20	6310	50	110	27	6411	55	140	33
6211	55	100	21	6311	55	120	29	6412	60	150	35
6212	60	110	22	6312	60	130	31	6413	65	160	37

注：圆括号中的尺寸系列代号在轴承型号中省略。

3. 极限与配合

表 f10	优先及常用轴公差带及其极限

代 号		a	b	c	d	e	f	g	h				
公称尺寸/mm		公差											
大于	至	11	11	*11	*9	8	*7	*6	5	*6	*7	8	*9	10
—	3	−270 −330	−140 −200	−60 −120	−20 −45	−14 −28	−6 −16	−2 −8	0 −4	0 −6	0 −10	0 −14	0 −25	0 −40
3	6	−270 −345	−140 −215	−70 −145	−30 −60	−20 −38	−10 −22	−4 −12	0 −5	0 −8	0 −12	0 −18	0 −30	0 −48
6	10	−280 −370	−150 −240	−80 −170	−40 −76	−25 −47	−13 −28	−5 −14	0 −6	0 −9	0 −15	0 −22	0 −36	0 −58
10	14	−290 −400	−150 −260	−95 −205	−50 −93	−32 −59	−16 −34	−6 −17	0 −8	0 −11	0 −18	0 −27	0 −43	0 −70
14	18													

续表

代　号	a	b	c	d	e	f	g	h					
公称尺寸/mm	公差												
大于　至	11	11	*11	*9	8	*7	*6	5	*6	*7	8	*9	10
18　24	−300/−430	−160/−290	−110/−240	−65/−117	−40/−73	−20/−41	−7/−20	0/−9	0/−13	0/−21	0/−33	0/−52	0/−84
24　30													
30　40	−310/−470	−170/−330	−120/−280	−80/−142	−50/−89	−25/−50	−9/−25	0/−11	0/−16	0/−25	0/−39	0/−62	0/−100
40　50	−320/−480	−180/−340	−130/−290										
50　65	−340/−530	−190/−380	−140/−330	−100/−174	−60/−106	−30/−60	−10/−29	0/−13	0/−19	0/−30	0/−46	0/−74	0/−120
65　80	−360/−550	−200/−390	−150/−340										
80　100	−380/−600	−220/−440	−170/−390	−120/−207	−72/−126	−36/−71	−12/−34	0/−15	0/−22	0/−35	0/−54	0/−87	0/−140
100　120	−410/−630	−240/−460	−180/−400										
120　140	−460/−710	−260/−510	−200/−450	−145/−245	−85/−148	−43/−83	−14/−39	0/−18	0/−25	0/−40	0/−63	0/−100	0/−160
140　160	−520/−770	−280/−530	−210/−460										
160　180	−580/−830	−310/−560	−230/−480										
180　200	−660/−950	−340/−630	−240/−530	−170/−285	−100/−172	−50/−96	−15/−44	0/−20	0/−29	0/−46	0/−72	0/−115	0/−185
200　225	−740/−1030	−380/−670	−260/−550										
225　250	−820/−1110	−420/−710	−280/−570										
250　280	−920/−1240	−480/−800	−300/−620	−190/−320	−110/−191	−56/−108	−17/−49	0/−23	0/−32	0/−52	0/−81	0/−130	0/−210
280　315	−1050/−1370	−540/−860	−330/−650										
315　355	−1200/−1560	−600/−960	−360/−720	−210/−350	−125/−214	−62/−119	−18/−54	0/−25	0/−36	0/−57	0/−89	0/−140	0/−230
355　400	−1350/−1710	−680/−1040	−400/−760										
400　450	−1500/−1900	−760/−1160	−440/−840	−230/−385	−135/−232	−68/−131	−20/−60	0/−27	0/−40	0/−63	0/−97	0/−155	0/−250
450　500	−1650/−2050	−840/−1240	−480/−880										

注：带*者为优先选用的轴公差带。

表 f11　　　　偏差（摘自 GB/T 1800.4—2009、GB/T 1801—2009）　　　　单位：μm

		js	k	m	n	p	r	s	t	u	v	x	y	z
						等级								
*11	12	6	*6	6	*6	*6	6	*6	6	*6	6	6	6	6
0/−60	0/−100	±3	+6/0	+8/+2	+10/+4	+12/+6	+16/+10	+20/+14	—	+24/+18	—	+26/+20	—	+32/+26

续表

js			k	m	n	p	r	s	t	u	v	x	y	z
等级														
*11	12	6	*6	6	*6	*6	6	*6	6	*6	6	6	6	6
0 −75	0 −120	±4	+9 +1	+12 +4	+16 +8	+20 +12	+23 +15	+27 +19	—	+31 +23	—	+36 +28	—	+43 +35
0 −90	0 −150	±4.5	+10 +1	+15 +6	+19 +10	+24 +15	+28 +19	+32 +23	—	+37 +28	—	+43 +34	—	+51 +42
0 −110	0 −180	±5.5	+12 +1	+18 +7	+23 +12	+29 +18	+34 +23	+39 +28	—	+44 +33	—	+51 +40	—	+61 +50
											+50 +39	+56 +45		+71 +60
0 −130	0 −210	±6.5	+15 +2	+21 +8	+28 +15	+35 +22	+41 +28	+48 +35	—	+54 +41	+60 +47	+67 +54	+76 +63	+86 +73
									+54 +41	+61 +48	+68 +55	+77 +64	+88 +75	+101 +88
0 −160	0 −250	±8	+18 +2	+25 +9	+33 +17	+42 +26	+50 +34	+59 +43	+64 +48	+76 +60	+84 +68	+96 +80	+110 +94	+128 +112
									+70 +54	+86 +70	+97 +81	+113 +97	+130 +114	+152 +136
0 −190	0 −300	±9.5	+21 +2	+30 +11	+39 +20	+51 +32	+60 +41	+72 +53	+85 +66	+106 +87	+121 +102	+141 +122	+163 +144	+191 +172
							+62 +43	+78 +59	+94 +75	+121 +102	+139 +120	+165 +146	+193 +174	+229 +210
0 −220	0 −350	±11	+25 +3	+35 +13	+45 +23	+59 +37	+73 +51	+93 +71	+113 +91	+146 +124	+168 +146	+200 +178	+236 +214	+280 +258
							+76 +54	+101 +79	+126 +104	+166 +144	+194 +172	+232 +210	+276 +254	+332 +310
0 −250	0 −400	±12.5	+28 +3	+40 +15	+52 +27	+68 +43	+88 +63	+117 +92	+147 +122	+195 +170	+227 +202	+273 +248	+325 +300	+390 +365
							+90 +65	+125 +100	+159 +134	+215 +190	+253 +228	+305 +280	+365 +340	+440 +415
							+93 +68	+133 +108	+171 +146	+235 +210	+277 +252	+335 +310	+405 +380	+490 +465
0 −290	0 −460	±14.5	+33 +4	+46 +17	+60 +31	+79 +50	+106 +77	+151 +122	+195 +166	+265 +236	+313 +284	+379 +350	+454 +425	+549 +520
							+109 +80	+159 +130	+209 +180	+287 +258	+339 +310	+414 +385	+499 +470	+604 +575
							+113 +84	+169 +140	+225 +196	+313 +284	+369 +340	+454 +425	+549 +520	+669 +640
0 −320	0 −520	±16	+36 +4	+52 +20	+66 +34	+88 +56	+126 +94	+190 +158	+250 +218	+347 +315	+417 +385	+507 +475	+612 +580	+742 +710
							+130 +98	+202 +170	+272 +240	+382 +350	+457 +425	+557 +525	+682 +650	+822 +790
0 −360	0 −570	±18	+40 +4	+57 +21	+73 +37	+98 +62	+144 +108	+226 +190	+304 +268	+426 +390	+511 +475	+626 +590	+766 +730	+936 +900
							+150 +114	+244 +208	+330 +294	+471 +435	+566 +530	+696 +660	+856 +820	+1036 +1000
0 −400	0 −630	±20	+45 +5	+63 +23	+80 +40	+108 +68	+166 +126	+272 +232	+370 +330	+530 +490	+635 +595	+780 +740	+960 +920	+1140 +1100
							+172 +132	+292 +252	+400 +360	+580 +540	+700 +660	+860 +820	+1040 +1000	+1290 +1250

表 f12 　　　　　　　　　　　　优先及常用孔公差带及其极限

代　　号	A	B	C	D	E	F	G	H				
公称尺寸 /mm	公差											
大于 至	11	11	*11	*9	8	*8	*7	6	*7	*8	*9	10	*11

大于	至	A 11	B 11	C *11	D *9	E 8	F *8	G *7	H 6	H *7	H *8	H *9	H 10	H *11
—	3	+330 +270	+200 +140	+120 +60	+45 +20	+28 +14	+20 +6	+12 +2	+6 0	+10 0	+14 0	+25 0	+40 0	+60 0
3	6	+345 +270	+215 +140	+145 +70	+60 +30	+38 +20	+28 +10	+16 +4	+8 0	+12 0	+18 0	+30 0	+48 0	+75 0
6	10	+370 +280	+240 +150	+170 +80	+76 +40	+47 +25	+35 +13	+20 +5	+9 0	+15 0	+22 0	+36 0	+58 0	+90 0
10	14	+400 +290	+260 +150	+205 +95	+93 +50	+59 +32	+43 +16	+24 +6	+11 0	+18 0	+27 0	+43 0	+70 0	+110 0
14	18													
18	24	+430 +300	+290 +160	+240 +110	+117 +65	+73 +40	+53 +20	+28 +7	+13 0	+21 0	+33 0	+52 0	+84 0	+130 0
24	30													
30	40	+470 +310	+330 +170	+280 +120	+142 +80	+89 +50	+64 +25	+34 +9	+16 0	+25 0	+39 0	+62 0	+100 0	+160 0
40	50	+480 +320	+340 +180	+290 +130										
50	65	+530 +340	+380 +190	+330 +140	+174 +100	+106 +60	+76 +30	+40 +10	+19 0	+30 0	+46 0	+74 0	+120 0	+190 0
65	80	+550 +360	+390 +200	+340 +150										
80	100	+600 +380	+440 +220	+390 +170	+207 +120	+125 +72	+90 +36	+47 +12	+22 0	+35 0	+54 0	+87 0	+140 0	+220 0
100	120	+630 +410	+460 +240	+400 +180										
120	140	+710 +460	+510 +260	+450 +200	+245 +145	+148 +85	+106 +43	+54 +14	+25 0	+40 0	+63 0	+100 0	+160 0	+250 0
140	160	+770 +520	+530 +280	+460 +210										
160	180	+830 +580	+560 +310	+480 +230										
180	200	+950 +660	+630 +340	+530 +240	+285 +170	+172 +100	+122 +50	+61 +15	+29 0	+46 0	+72 0	+115 0	+185 0	+290 0
200	225	+1030 +740	+670 +380	+550 +260										
225	250	+1110 +820	+710 +420	+570 +280										
250	280	+1240 +920	+800 +480	+620 +300	+320 +190	+191 +110	+137 +56	+69 +17	+32 0	+52 0	+81 0	+130 0	+210 0	+320 0
280	315	+1370 +1050	+860 +540	+650 +330										
315	355	+1560 +1200	+960 +600	+720 +360	+350 +210	+214 +125	+151 +62	+75 +18	+36 0	+57 0	+89 0	+140 0	+230 0	+360 0
355	400	+1710 +1350	+1040 +680	+760 +400										
400	450	+1900 +1500	+1160 +760	+840 +440	+385 +230	+232 +135	+165 +68	+83 +20	+40 0	+63 0	+97 0	+155 0	+250 0	+400 0
450	500	+2050 +1650	+1240 +840	+880 +480										

注：带*者为优先选用的孔公差带。

表 f13　　　　　偏差（摘自 GB/T 1800.4—2009、GB/T 1801—2009）　　　　　单位：μm

12	JS 6	JS 7	K 6	K *7	K 8	M 7	N 6	N *7	P 6	P *7	R 7	S *7	T 7	U *7
+100 0	±3	±5	0 −6	0 −10	0 −14	−2 −12	−4 −10	−4 −14	−6 −12	−6 −16	−10 −20	−14 −24	—	−18 −28
+120 0	±4	±6	+2 −6	+3 −9	+5 −13	0 −12	−5 −13	−4 −16	−9 −17	−8 −20	−11 −23	−15 −27	—	−19 −31
+150 0	±4.5	±7	+2 −7	+5 −10	+6 −16	0 −15	−7 −16	−4 −19	−12 −21	−9 −24	−13 −28	−17 −32	—	−22 −37
+180 0	±5.5	±9	+2 −9	+6 −12	+8 −19	0 −18	−9 −20	−5 −23	−15 −26	−11 −29	−16 −34	−21 −39	—	−26 −44
+210 0	±6.5	±10	+20 −11	+60 −15	+10 −23	0 −21	−11 −24	−7 −28	−18 −31	−14 −35	−20 −41	−27 −48	—	−33 −54
													−33 −54	−40 −61
+250 0	±8	±12	+3 −13	+7 −18	+12 −27	0 −25	−12 −28	−8 −33	−21 −37	−17 −42	−25 −50	−34 −59	−39 −64	−51 −76
													−45 −70	−61 −86
+300 0	±9.5	±15	+4 −15	+9 −21	+14 −32	0 −30	−14 −33	−9 −39	−26 −45	−21 −51	−30 −60	−42 −72	−55 −85	−76 −106
											−32 −62	−48 −78	−64 −94	−91 −121
+350 0	±11	±17	+4 −18	+10 −25	+16 −38	0 −35	−16 −38	−10 −45	−30 −52	−24 −59	−38 −73	−58 −93	−78 −113	−111 −146
											−41 −76	−66 −101	−91 −126	−131 −166
+400 0	±12.5	±20	+4 −21	+12 −28	+20 −43	0 −40	−20 −45	−12 −52	−36 −61	−28 −68	−48 −88	−77 −117	−107 −147	−155 −195
											−50 −90	−85 −125	−119 −159	−175 −215
											−53 −93	−93 −133	−131 −171	−195 −235
+460 0	±14.5	±23	+5 −24	+13 −33	+22 −50	0 −46	−22 −51	−14 −60	−41 −70	−33 −79	−60 −106	−105 −151	−149 −195	−219 −265
											−63 −109	−113 −159	−163 −209	−241 −287
											−67 −113	−123 −169	−179 −225	−267 −313
+520 0	±16	±26	+5 −27	+16 −36	+25 −56	0 −52	−25 −57	−14 −66	−47 −79	−36 −88	−74 −126	−138 −190	−198 −250	−295 −347
											−78 −130	−150 −202	−220 −272	−330 −382
+570 0	±18	±28	+7 −29	+17 −40	+28 −61	0 −57	−26 −62	−16 −73	−51 −87	−41 −98	−87 −144	−169 −226	−247 −304	−369 −426
											−93 −150	−187 −244	−273 −330	−414 −471
+630 0	±20	±31	+8 −32	+18 −45	+29 −68	0 −63	−27 −67	−17 −80	−55 −95	−45 −108	−103 −166	−209 −272	−307 −370	−467 −530
											−109 −172	−229 −292	−337 −400	−517 −580

4. 常用材料及热处理名词解释

表f14　常用钢材（摘自 GB/T 700—2006、GB/T 699—2015、GB/T 3077—2015、GB/T 11352—2009）

名　称	钢　号	应用举例	说　明
碳素结构钢	Q215-A	受力不大的铆钉、螺钉、轮轴、凸轮、焊件、渗碳件	"Q"表示屈服点，数字表示屈服点数值，A、B等表示质量等级
	Q235-A	螺栓、螺母、拉杆、钩、连杆、楔、轴、焊件	
	Q235-B	金属构造物中的一般机件、拉杆、轴、焊件	
	Q255-A	重要的螺钉、拉杆、钩、楔、连杆、轴、销、齿轮	
	Q275	键、牙嵌离合器、链板、闸带、受大静载荷的齿轮轴	
优质碳素结构钢	08F	要求可塑性好的零件：管子、垫片、渗碳件、氰化件	① 数字表示钢中平均含碳量的万分数，如"45"表示平均含碳量为 0.45%；② 序号表示抗拉强度，硬度依次增加，伸长率依次降低
	15	渗碳件、紧固件、冲模锻件、化工容器	
	20	杠杆、轴套、钩、螺钉、渗碳件与氰化件	
	25	轴、辊子、连接器、紧固件中的螺栓、螺母	
	30	曲轴、转轴、轴销、连杆、横梁、星轮	
	35	曲轴、摇杆、拉杆、键、销、螺栓、转轴	
	40	齿轮、齿条、链轮、凸轮、轧辊、曲柄轴	
	45	齿轮、轴、联轴器、衬套、活塞销、链轮	
	50	活塞杆、齿轮、不重要的弹簧	
	55	齿轮、连杆、扁弹簧、轧辊、偏心轮、轮圈、轮缘	
	60	叶片、弹簧	
	30Mn	螺栓、杠杆、制动板	含锰量 0.7%～1.2%的优质碳素钢
	40Mn	用于承受疲劳载荷零件：轴、曲轴、万向联轴器	
	50Mn	用于高负荷下耐磨的热处理零件：齿轮、凸轮、摩擦片	
	60Mn	弹簧、发条	
合金结构钢 铬钢	15Cr	渗碳齿轮、凸轮、活塞销、离合器	① 合金结构钢前面两位数字表示钢中含碳量的万分数；② 合金元素以化学符号表示；③ 合金元素含量小于1.5%时，仅注出元素符号
	20Cr	较重要的渗碳件	
	30Cr	重要的调质零件：轮轴、齿轮、摇杆、重要的螺栓、滚子	
	40Cr	较重要的调质零件：齿轮、进气阀、辊子、轴	
	45Cr	强度及耐磨性高的轴、齿轮、螺栓	
合金结构钢 铬锰钛钢	20CrMnTi	汽车上的重要渗碳件：齿轮	
	30CrMnTi	汽车、拖拉机上强度特高的渗碳齿轮	
铸钢	ZG230-450	机座、箱体、支架	"ZG"表示铸钢，数字表示屈服点及抗拉强度（单位为 MPa）
	ZG310-570	齿轮、飞轮、机架	

表f15　　　　常用铸铁（摘自 GB/T 9439—2023、GB/T 1348—2019）

名称	牌　号	硬度/HB	应用举例	说　明
灰铸铁	HT100	114～173	机床中受轻负荷、磨损无关紧要的铸件，如托盘、把手、手轮等	"HT"是灰铸铁代号，其后数字表示抗拉强度（单位为 MPa）
	HT150	132～197	承受中等弯曲应力、摩擦面之间压强高于 500 MPa 的铸件，如机床底座、工作台、汽车变速箱、泵体、阀体、阀盖等	
	HT200	151～229	承受较大弯曲应力、要求保持气密性的铸件，如机床立柱、刀架、齿轮箱体、床身、油缸、泵体、带轮、轴承盖和架等	
	HT250	180～269	承受较大弯曲应力、要求密封性好的铸件，如气缸套、齿轮、机床床身、立柱、齿轮箱体、油缸、泵体、阀体等	

续表

名称	牌　　号	硬度/HB	应 用 举 例	说　　明
灰铸铁	HT300	207～313	承受高弯曲应力、拉应力，要求高度气密性的铸件，如高压油缸、泵体、阀体、汽轮机隔板等	
	HT350	238～357	轧钢滑板、辊子等	
球墨铸铁	QT400-15 QT400-18	130～180 130～180	韧性高，低温性能好，且有一定的耐蚀性，用于制作汽车、拖拉机中的轮毂、壳体、离合器拨叉等	"QT" 为球墨铸铁代号，其后第一组数字表示抗拉强度（单位为MPa），第二组数字表示伸长率（%）
	QT500-7 QT450-10 QT600-3	170～230 160～210 190～270	具有中等强度和韧性，用于制作内燃机中油泵齿轮、汽轮机的中温气缸隔板、水轮机阀门体等	
可锻铸铁	KTH300-06 KTH350-10 KTZ450-06 KTB400-05	≤150 ≤150 150～200 ≤220	用于承受冲击、振动等零件，如汽车零件、机床附件、各种管接头、低压阀门、曲轴和连杆等	"KTH" "KTZ" "KTB" 分别为黑心、珠光体、白心可锻铸铁代号，其后第一组数字表示抗拉强度（单位为MPa），第二组数字表示伸长率（%）

表 f16　　常用有色金属及其合金（摘自 GB/T 1176—2013、GB/T 3190—2020）

名称或代号	牌　　号	主 要 用 途	说　　明
普通黄铜	H62	散热器、垫圈、弹簧、螺钉等零件	"H" 表示黄铜，字母后的数字表示含铜的平均百分数
40-2 锰黄铜	ZCuZn40Mn2	轴瓦、衬套及其他耐磨零件	"Z" 表示铸造，字母后的数字表示含铜、锰、锌的平均百分数
5-5-5 锡青铜	ZCuSn5Pb5Zn5	在较高负荷和中等滑动速度下工作的耐磨、耐蚀零件	字母后的数字表示含锡、铅、锌的平均百分数
9-2 铝青铜 10-3 铝青铜	ZCuAl9Mn2 ZCuAl10Fe3	耐蚀、耐磨零件，要求气密性高的铸件，高强度、耐磨、耐蚀零件及250℃以下工作的管配件	字母后的数字表示含铝、锰或铁的平均百分数
17-4-4 铅青铜	ZCuPbl7Sn4ZnA	高滑动速度的轴承和一般耐磨件等	字母后的数字表示含铅、锡、锌的平均百分数
ZL201（铝铜合金） ZL301（铝铜合金）	ZAlCu5Mn ZAlCuMg10	用于铸造形状较简单的零件，如支臂、挂架梁等 用于铸造小型零件，如海轮配件、航空配件等	"L" 表示铝，数字表示顺序号
硬铝	LY12	高强度硬铝，适用于制造高负荷零件及构件，但不包括冲压件和锻压件，如飞机骨架等	"LY" 表示硬铝，数字表示顺序号

表 f17　　　　　　　　　　　常用非金属材料

材料名称及标准号		牌号	说　　明	特性及应用举例
工业用橡胶板	耐酸橡胶板（GB/T 5574—2008）	2807 2709	较高硬度 中等硬度	具有耐酸碱性能，用于冲制密封性能较好的垫圈
	耐油橡胶板（GB/T 5574—2008）	3707 3709	较高硬度	可以在一定温度的油中工作，用于冲制各种形状的垫圈
	耐热橡胶板（GB/T 5574—2008）	4708 4710	较高硬度 中等硬度	可以在热空气、蒸汽（100℃）中工作，用于冲制各种垫圈和隔热垫板
尼龙	尼龙 66 尼龙 1010		具有高抗拉强度和冲击韧性，耐热(>100℃)、耐弱酸、耐弱碱、耐油性好	用于制作齿轮等传动零件，有良好的消音性，运转时噪声小

续表

材料名称及标准号	牌号	说　明	特性及应用举例
耐油橡胶石棉板 （GB/T 539—2008）		厚度为 0.4～3.0 mm 的 10 种规格	用作航空发动机的煤油、润滑油及冷气系统结合处的密封衬垫材料
毛毡 （FJ/T 314）		厚度为 1～30 mm	用作密封、防漏油、防振、缓冲衬垫等，按需选用细毛、半粗毛、粗毛
有机玻璃板 （GB/T 7134—2008）		耐盐酸、硫酸、草酸、烧碱和纯碱等一般碱性物质及二氧化碳、臭氧等腐蚀	适用于耐腐蚀和透明的零件，如油标、油杯、透明管道等

表 f18　　　　　常用的热处理及表面处理名词解释

名词		代号及标注示例	说　明	应　用
退火		5111	将钢件加热到临界温度（一般是 710～715℃，个别合金钢 800～900℃）以上 30～50℃，保温一段时间，然后缓慢冷却（一般在炉中冷却）	用来消除铸、锻、焊零件的内应力，降低硬度，便于切削加工，细化金属晶粒，改善组织，增加韧性
正火		5121	将钢件加热到临界温度以上，保温一段时间，然后用空气冷却，冷却速率比退火快	用来处理低碳和中碳结构钢及渗碳零件，使其组织细化，增加强度与韧性，减小内应力，改善切削性能
淬火		5131	将钢件加热到临界温度以上，保温一段时间，然后在水、盐水或油中（个别材料在空气中）急速冷却，使其得到高硬度	用来提高钢的硬度和强度极限，但淬火会引发内应力使钢变脆，所以淬火后必须回火
回火		5141	回火是将淬硬的钢件加热到临界点以下的温度，保温一段时间，然后在空气中或油中冷却下来	用来消除淬火后的脆性和内应力，提高钢的塑性和冲击韧性
调质		5151	淬火后在 450～650℃进行高温回火	用来使钢获得高的韧性和足够的强度，重要的齿轮、轴及丝杠等零件是经调质处理的
表面淬火	火焰淬火	H54：火焰淬火后，回火到 50～55HRC	用火焰或高频电流将零件表面迅速加热至临界温度以上，急速冷却	使零件表面获得高硬度，而心部保持一定的韧性，使零件既耐磨又能承受冲击。表面淬火常用来处理齿轮等
	高频淬火	G52：高频淬火后，回火到 50～55HRC		
渗碳淬火		5311g	在渗碳剂中将钢件加热到 900～950℃，停留一段时间，将碳渗入钢表面，深度为 0.5～2 mm，再淬火后回火	提高钢件的耐磨性能、表面硬度、抗拉强度和疲劳极限； 适用于低碳、中碳（含量小于 0.40%）结构钢的中小型零件
氮化		5330	在 500～600℃通入氮的炉子内加热，向钢的表面渗入氮原子，氮化层厚度为 0.025～0.8 mm，氮化时间需 40～50 h	① 提高钢件的耐磨性能、表面硬度、疲劳极限和抗蚀能力； ② 适用于合金钢、碳钢、铸铁件，如机床主轴、丝杠，以及在潮湿碱水和燃烧气体介质的环境中工作的零件
氰化		5320	在 820～860℃炉内通入碳和氮，保温 1～2 h，使钢件的表面同时渗入碳、氮原子，可得到 0.2～0.5 mm 的氰化层	① 提高表面硬度、耐磨性、疲劳强度和耐蚀性； ② 用于要求硬度高、耐磨的中小型零件及薄片零件和刀具等
时效处理		时效	低温回火后、精加工之前，加热到 100～160℃，保持 10～40 h，对铸件也可以用天然时效（放在露天中一年以上）	使工件消除内应力和稳定形状，用于量具、精密丝杠、床身导轨及床身等

续表

名词	代号及标注示例	说　　　明	应　　　用
发蓝 发黑	发蓝或发黑	将金属零件放在很浓的碱和氧化剂溶液中加热氧化，使金属表面形成一层由氧化铁组成的保护性薄膜	防腐蚀、美观，用于一般连接的标准件和其他电子类零件
硬度	HB（布氏硬度）	材料抵抗硬的物体压入其表面的能力称为硬度。根据测定的方法不同，硬度可以分为布氏硬度、洛氏硬度和维氏硬度。硬度的测定是检验材料经热处理后的机械性能指标	用于经退火、正火、调质的零件及铸件的硬度检验
	HRC（洛氏硬度）		用于经淬火、回火及表面渗碳、渗氮等处理的零件硬度检验
	HV（维氏硬度）		用于薄层硬化零件的硬度检验

参考文献

[1] 全国技术产品文件标准化技术委员会, 中国标准出版社第三编辑室. 技术产品文件标准汇编 机械制图卷[M]. 2 版. 北京: 中国标准出版社, 2009.

[2] 黄正轴, 张贵社. 机械制图（多学时）[M]. 北京: 人民邮电出版社, 2010.

[3] 胡建生. 机械制图（少学时）[M]. 北京: 人民邮电出版社, 2010.

[4] 钱可强. 机械制图[M]. 5 版. 北京: 中国劳动社会保障出版社, 2007.

[5] 金大鹰. 机械制图[M]. 6 版. 北京: 机械工业出版社, 2006.

[6] 续丹. 3D 机械制图[M]. 2 版. 北京: 机械工业出版社, 2008.

[7] 钱可强. 机械制图[M]. 2 版. 北京: 高等教育出版社, 2017.